圖解

樹木的診斷與治療

【增訂版】

愛樹、種樹、養樹、醫樹，請先讀懂樹的語言，了解樹的心聲

日本樹木醫制度創始人
堀 大才
ほり たいさい

日本樹木醫
岩谷 美苗 合著
いわたに みなえ

曹崇銘 譯稿審閱暨導讀
楊淳正 譯

目錄

樹型的八大變化／ *樹木的身體語言*　　10

Part 1

從樹型理解樹木想傳達的訊息

I. 樹幹在說什麼

樹木的培育方式 ── 你正確了解嗎？

樹木的診斷與管理方式—充滿誤解的管理方式

→本書隨時舉辦相關精采活動，請洽服務電話：　02-2392-5338 分機 16。

→新自然主義書友俱樂部徵求入會中，　辦法請詳見本書讀者回函卡頁。

樹型的八大變化

樹木的身體語言

去散步一下：
樹根會翻牆

一般來說，樹根在沒有水分的地方（例如水泥地），就沒有辦法生長。圖中的樹木是藉著累積在水泥邊欄上的落葉形成類似土壤的狀態，得以繼續生長，後來落葉被掃去，根系為了吸收水分，就慢慢再延伸至地面。

不再當乖小孩：
抗議強度修剪

雲片柏與日本扁柏是有著葉形差異的園藝種。

照片中這棵樹為了維持圓形的造型，只要長出破壞樹型的的徒長枝，就常常被修剪掉。

要是始終只修剪還是綠色的新生枝條的話，就可以一直維持短短的、縮在一起的葉形；但只要修剪到褐色的樹枝，從那邊長出的側芽就會很容易變回原本的樣子，這是樹木對於強度修剪的無言抗議。

生命鬥士：
與樹癌對抗數十年

這棵懸鈴木得了「永久性樹癌」的一種胴枯病。這種病會侵入樹木的形成層，造成難以修復的傷害。但充滿鬥志的生命，總在春天積極生長韌皮部以及邊材的薄壁細胞，暫時抑制病情。只不過到了秋天生長趨緩時，病情又開始加重。如此年復一年，便形成患部逐年擴大，但樹木還是繼續生長茁壯的拔河拉鋸情況。

從那像是年輪的構造中，可以推估這棵懸鈴木已經跟「永久性樹癌」對抗數十年了。

舉重：
破石樹求生存的無奈

這棵櫻花樹順利的舉起了在它樹根附近的墓石，根系生已經長到了墓石的下方，隨著根系生長肥大，於是將上方的墓石抬起，甚至造成斷裂。

櫻花樹將根系伸到墓石下方成長變粗，並沒有惡意，只是為了支撐自己身體所必須採取的生存行為。如果不希望植栽撐破水泥、紅磚道或任何鋪面，成為破口之樹，請在種植時就留給適度的生長深度與廣度的空間，或斟酌空間選擇植栽種類。

我要長大：
別把我種在屋簷下

5

樹木是不繼續生長就不能存活的生物。這棵黑櫟可以長到 20 〜 30 公尺。為什麼要在這種屋簷下種植會長成大樹的植物呢？就算是種植的時候沒注意到，現在也該想辦法解決，不要坐視它死亡。

樹木也是生物，將它種植在錯誤的地方，就是在欺負它。

支柱的功與過：
樹幹變得異常粗大

6

樹被強風吹拂時，根系也會跟著搖動，生長在土壤中的細根及根毛會在搖動中斷裂，狀態也會變差。此時人們就會幫樹木加上支柱來支撐整棵樹。但是，支柱放置太久也會產生別的問題。

當支柱的橫桿要是跟樹木本身接觸太久，樹木就會將之包覆。因為養分運輸受到阻礙，內樹皮的韌皮部生長受阻，導致從樹木上部向下輸送的養分無法傳到根部，並在被橫桿綁住的位置上方形成堆積，此處的組織就會因養分過多而產生異常的肥大生長。其實，樹木的意圖是想越過造成阻礙的橫桿，試著與下方的組織能夠相互聯繫。可以稍微比較看看橫桿上下方的樹幹，看出來橫桿上方的樹幹比較粗嗎？

另外還有力學的因素，因為有外來的支柱支撐，所以下部樹幹不需要繼續加粗來支撐，相對的，支柱上方的樹幹為了抵禦風吹而變得較粗（請看 165 頁）。

樹幹注射：
樹木跟動物是不一樣的

7

現在很流行直接將營養劑或藥劑注入樹幹上，但這其實會對樹木造成很大的負擔。動物跟樹木是不一樣的（詳細請看148 頁的介紹）。

外科手術：
當心會破壞樹木防禦層

8

在過去有很長一段時間，將樹木腐朽的部分切除，並且塗上防腐劑或是用水泥填滿的外科手術被視為重要的醫療技術。但是，近年來的科學研究已經幾乎否定其治療效果。

因為外科手術只會破壞樹木本身為了抵抗病蟲害所產生的防禦層而已（詳情請看 145 頁的介紹）。

堀大才教授
訪台實錄

2016 年 6 月 1~3 日

日本國寶級樹木醫堀大才教授於本書發行中文版後，應農委會林業試驗所、台北市政府工務局公園大地科之邀來台參加「2016 台日樹醫 - 樹木的診斷與治療研討會」，進行樹木醫制度與技術經驗的演講與參訪。

此次來台主要行程摘錄分享如後，提供未能出席當面交流的讀者們酌為參考。

6月1日
拜訪農委會主委

開創日本樹木醫制度的堀大才教授，2016 年 6 月 1 日來臺（左三）拜訪當時農委會曹啟鴻主委（右三）、林試所所長黃裕星（右二）、主任秘書吳孟玲（右一），陪同者幸福綠光洪美華顧問（左二）、陳桂蘭顧問（左一）。

6月2日
2016 台日樹醫 – 樹木的診斷與治療研討會

上午：樹木醫制度的創立與發展歷史

【環境資訊中心 2016 年 7 月 7 日台北訊，林倩如報導，https://e-info.org.tw/node/116914】

上個月，應農委會林試所之邀，日本樹木醫制度創始人、現為 NPO 樹木生態研究會代表理事的堀大才教授，來台參與「2016 台日樹醫——樹木的診斷與治療研討會」，分享其縝密且

實際的經驗談。

針對年底台灣即將公告「樹藝師」考選制度，最快明年開辦招考。堀大才特別強調，樹醫不該成為「一種證照」來壟斷市場，重點仍在愛樹、護樹，人人都可以是樹醫。

■ 公私合作　創生制度

在日本，樹木的醫生被稱為樹木醫，堀大才出生於 1947 年，一手創設樹木醫制度，並建立相關訓練及發照制度。他娓娓道來整個制度的淵源，源自財團法人日本綠化中心（1973 年成立），是日本倡導環境綠化最為重要的角色之一，綠化中心乃農林水產省（相當於農委會）負責林務的林野廳出資一半而組成的半官民團體，開設以來，堀大才即任職迄今超過 30 年，主要擔任技術開發與調查的工作，旨在恢復全國貴重樹木的健康，研發土壤改良的技術，且完成大量土壤調查。

1988 年，林野廳的護林政策轉向積極，1990 年研擬推進巨樹古木林等保全對策，編列預算全面規劃，分兩個執行業務要項：一、巨樹老樹保護計畫；二、樹醫制

度，至 1991 年正式委託中心推行此制度。

堀大才坦承，原本比較關心精進個人的技術層面，喜歡在戶外工作，不太投入人才培養，萬般無奈配合林野廳不得不做，沒想到，人生從此產生巨大變化。

經費補助充裕之下，加上公部門相關單位總動員協助，從頭盤點世界各國狀況，釐清制度定位及目標。同時他質疑，僅經考試遴選出來的人員未必優秀，認為「應該先集合人才、進行培育，包括土壤、力學、環境等包羅萬象的知識與技術。」

因此，設立了樹木醫審查委員會及樹木醫課程委員會，第一屆預選 50 名，由地方政府推薦，不料民間亦反應熱烈近 300 人報名，只好從中選出 30 位，共 80 位入選訓練，結業考試則通過 76 人獲得認定，林野廳認證該制度，再由中心認定樹木醫資格，其證照視同準國家資格。翌年直接向全國招募，需七年以上從業經驗、發表論文專書等方具報考資格，

樹木的診斷與治療研討會影音連結

成效良好，每年約有 100 人左右取得認證，累積迄今已培育出 2500 名樹木醫。

■ 自由化風潮
全交民間認證

而在自民黨 1996 年重新執政後，1997 年大力實施自由化方案，國家權力下放民間，樹木醫制度則交付中心接手。他表示，1995 年是個轉折點，過去樹木醫報考門檻高，1995 年之後資格放寬，只要有實務經驗、修習相關課程，便可通過考試取得證照，至 1998 年，樹木醫已完全轉變成由民間機構認證的資格，「當然也有人反對，覺得國家認證才具代表性，報考人數受到影響略有下跌，不過，這反而是一件好事。」

2004 年綠化中心更增併「樹木醫候選人」新制度，與各大學合作，大學期間修習相關課程，畢業後再參與實務經驗一年，即可應徵樹木醫候選人身分，繼而

堀大才教授與相關專家、中央及地方主管機關進行知識與經驗分享，左起為陳鴻楷（大安森林公園之友基金會副執行長）、邱志明（林業試驗所森林經營組組長）、洪美華、陳財輝（林業試驗所育林組研究員）、李遠欽（林務局森林科科長）、李桃生（林務局局長）、堀大才、黃裕星、黃立遠（台北市公園處長）、張育森（台大園藝暨景觀學系教授）、林耀東（中興大學土壤環境科學系教授）、吳孟玲、李有田（台灣都市林健康美化協會理事長）。

應考。「樹木醫在各地的活躍有目共睹，甚至，還有地方政府規定有些工作非樹木醫不能做，身為創立者的我，實應感到高興。然進一步思考仍懷隱憂，仔細觀察不乏有人拿到資格但不從事這行。不在創造一個職業，而是一個資格的認定，讓有能力、知識的人才投入養樹醫樹的行列。」堀大才直言。

他續說明，尤其應該提升樹木醫的多元觀點，比如唸園藝、森林系的學生，提早透過此制度來增進自我學習；或無論是否志在證照，越多人養成樹木醫的觀點，照顧眼前、身邊的樹木，提供養護的知識、技術，讓樹變好、跟人的互動也愈加安全，使整體的森林生態系統往更好的方向發展，人與自然之間形成一個共好社會乃最終理念。

相反地，若只是讓證照在家睡覺，或藏私、藉此賺錢，即違背樹木醫推廣保護樹木的精神，堀大才亦批評道。

■ 樹木醫彼此交流 有樹一同

而堀大才與樹木醫岩谷美苗合著的《圖解樹木的診斷與治療》，寫作於 1998~2000 年，雖時隔多年，易讀易懂的可親性依舊被視為知樹入門經典。樹木的身體語言千萬種姿態，理解它們的展現方式，便能推測其需求及判斷如何對待，「讀懂它們的身體語言，正是樹木醫須齊備的知識與技術。這個世界太深太廣，以此為起點做深入探討。又樹木醫僅是一個資格，這個領域尚有許多從業工作者，路樹修剪師、基盤整備師、造園造林公司、樹木醫學會等等民間單位，關於樹的健檢，就像開小型診所一樣，若診斷病得太嚴重，得擴大連結組成

研討會報名情況相當踴躍，人數超過預期。

團隊救治。」

令人意外也不意外的是，堀大才為了利益迴避，自己並沒有樹木醫證照，無法做正式診療，只能提供諮詢，他回想有次受委託，卻被揶揄缺乏資格，「證照作為一種權威，從這角度來看，或許是成功了，但若推崇非證照不可，因此獨佔某些工作、排除他人的機會，是目前最擔心的事情。」

以他豐富的閱歷仍不忘保持謹慎，沒有從一而準的判斷，每次診斷都須仔細調查，「下從根部，上至樹冠，眼力達不到的地方得靠機器，然儀器亦有做不到的盲點，總之，一個樹木醫當練就銳利的觀察力至關重要。」如今，日本在診斷方面的技術能力尚稱不足，非百分百準確，堀大才嚴屬下著評語。除了樹木治療，樹

木醫另一項工作為評估樹木在生活環境中的安全處置，危險者須及早預防其倒塌、枯萎，只要有一點點擔心便把路樹砍掉，是他不免感到遺憾的現況。

不過，他非常自信日本樹木醫擁有超越歐美的技術，「互相來往頻繁，技術因資訊情報交流提升得很快。」另外，提醒失敗經驗很重要，認真追出原因、分享出來讓大家都知道，日後同樣的失敗便不會再發生，「千萬不要害怕失敗，學習坦白，像我，也曾讓很棒的樹枯掉了。」

■ 從樹出發　看世界

國際上現有兩股證照主流，除了日本的樹木醫，還有美國的「樹藝師」（ISA，1992 年成立）。林試所已於 2012 年 12 月 21 日成立樹木醫學中心，整合國內樹木保護的技術與資源，年底預計融合美日優點、草擬完成國內樹木醫學制度，包括法令、人才、技術、診療服務，多項進度均推動中，然名稱仍搞不定，樹木醫生、樹藝師或樹木保護專業人員？林務單位還在持續琢磨協調。

無論如何，堀大才重申，樹木醫於當代的理想性是：重視包容而非排他，以樹木醫制度為核心，並作為一個平台，引起群眾愛樹的意識，一點一滴散佈、傳遞，吸引更多熱心公民參與，建構人樹共生的和諧關係。「不是靠專家來守護，須靠所有居民對樹木都有關心，匯流力量向前正面促進，肯認樹木那珍貴的價值。」他呼籲。

下午：「樹木的診斷與治療法」研討會

從樹木的觀點出發，認識樹木的身體語言，並釐清許多常見對樹木養護的錯誤迷思；傳授如何照顧樹木，才能讓樹本身培養出健康的體質和自癒能力。

主要演講內容摘自本書。

特別分享：研討會Ｑ＆Ａ影音連結

Q1：樹木移植後，在葉量很少的情況下，是否要在樹冠層進行照護？

Q2：診斷一棵樹，大概需要花多久時間？

Q3：在排水不良的地區，怎麼運用「水刀」進行土壤改良？

Q4：公園的土壤易遭遊客踩踏，若鋪上礫石或樹皮有沒有辦法保護土壤？

Q5：樹木修剪過後，到底要不要做防腐處理？

Q6：樹木上長地衣、苔癬是不健康，甚麼狀況下會發生？

Q7：台灣夏天炎熱，有甚麼方式可以提高夏季種植的存活率？

Q8：一棵樹的保障存活期是多久？

Q9：日本植栽工程的全套作法？

Q1~3

Q4~6

Q7~8

Q9

6月3日
雨中訪視大安森林公園

大安森林公園樹長不好，專家分析原因

【聯合影音網 2016 年 6 月 3 日台北訊，彭宣雅報導，https://video.udn.com/news/501721】

有都市之肺的大安森林公園，種植 3000 棵以上樹木，光是去年颱風就被吹倒上百棵，但樹木樹勢普遍差、根系淺、枝幹弱，懷疑與土壤有關，若台灣沒有找出問題，根本解決，這些有問題的樹遇災就容易倒伏，影響生命財產安全。

「2016 台日樹醫～樹木的診斷與治療研討會」今天展開，邀請創設日本「樹木醫」制度的堀大才教授來台，他是日本農林水產省認定的樹木醫制度的負責人，1991 年建立了日本樹木醫訓練與發照制度，昨日特別冒雨體健大安森林公園，發現公園裡的樹木問題多。

堀大才發現，大安森林公園的土壤太硬，不利於樹木生長，加上去年颱風釀災，人員不當修剪，修剪的傷口容易菌類入侵造成腐朽，也許外表看不出來，但實際上枝幹已經毀壞，因此再遇風災，就容易倒伏。

堀大才表示，通常修剪過、再生的樹木，生命力極強，會枝繁葉茂長得很好；反觀大安森林公園的樹木，修剪過後並沒有長得很好，樹幹太過細長、根系也施展不開，這些「不健壯」的樹，需要專業的樹醫協助，如何讓樹木恢復元氣。

現場聽講者反應相當踴躍，每個人都收穫滿滿。

他也說，台灣的颱風很多，但日本也不少，這些外來危害很正常，要樹木倒伏的災害降到最低，應該在颱風來臨前，就做好樹木健檢，若有倒伏、腐朽危機者，是否給予適當修剪或提供支柱及保護措施，在日本，幾年就會做一次行道樹、公園樹木的普查健檢，這可有效避災。

6月3日
市民講座：金石堂書店演講

從樹木的本位來思考如何對待樹木，與樹木對話，並教分享如何從樹幹、枝條、樹根、年輪還有樹型，看懂樹木的傷老病痛、颯爽還是憂愁。主要演講內容摘自本書。

市民講座影音連結

特別分享：市民講座Ｑ＆Ａ影音連結

Q1：若樹木衰弱，要怎麼做恢復性修剪？

Q2：在日本，怎麼處理被風吹倒的樹？

Q3：對行道樹的修剪有什麼看法？

Q4：灌木有什麼特別需要注意的地方？

Q5：面對被風吹倒的樹木，第一時間應該怎麼處理？

Q6：針葉樹及闊葉樹在做支撐時，需要做什麼不同的加強？

Q7：移植時的樹木，根部會被布包裹，看不出樹是否健康，該怎麼辦？

Q8：為什麼樹會長像拳頭大小的「瘤」？

Q9：移植樹木時，要澆多少水，量才足夠？

Q10：移植樹木後的支撐要放多久，才是安全期？

Q11：關於樹木的外科手術的疑問？

Q12：能不能利用修枝，使樹恢復健康？

Q1~6

Q7~8

Q9~10

Q11~12

從心、從樹，法自然，與大樹做朋友

「你知道自己每天呼吸的氧氣，是樹木進行『代謝』後的『排泄物』嗎？」我喜歡這樣問朋友。

若單靠其「排泄物」，就可以供你我生存；那麼如何保護「樹木」這麼重要的夥伴、並讓它繼續在大自然中發揮其更大潛能，絕對是你、我及各公、私部門「共同」的「責任」！

至於這個「責任」該如何去實踐呢？我想這本《圖解・樹木的診斷與治療》，很具體地給了我們一些方向及方案，非常值得大家參考！

文魯彬（Robin Winkler）
台灣蠻野心足生態協會理事長

梧桐基金會草創之初很幸運認識堀大才老師的理論，因而步上與樹親近的健康之道。大約五年前，堀大才老師於台中自然科學博物館演講時，帶來新穎的樹木醫觀念。他提出認識「樹木的肢體語言」的概念，從外觀和環境判別樹木的健康狀況，從而降低不當的診斷與治療機率，提升都市樹木與都市人和平共處的可能性。

隨著環境議題受重視的程度加深，樹木存在的必要性也被普遍認同，即便如此，一般人對於樹木生理結構以及內在世界的認知，還是多有誤解或是根本不解。樹木是生命，是活體，不是枯死的木材，錯誤粗暴的對待，對於無法行動、言語不通的活樹而言必定苦不堪言。梧桐基金會因此在台灣各地舉辦各類教育課程，以及樹木生態展覽，試圖向普羅大眾推廣更符合樹木生理的護樹之道。

「了解它你會更愛它，也才知道如何愛它」，透過有系統的梳理，一般人其實是可以輕鬆瞭解樹木的生理醫學。堀大才老師的著作《圖解‧樹木的診斷與治療》，具備易讀易解的特色，能夠幫助不同背景的愛樹者輕鬆進入專業護樹門檻。身為日本樹木醫制度的創始者之一，堀大才老師的著作向來被視為樹木醫經典，中文新版經過修編，更加貼近時代環境，實為中文閱讀者的福氣。我們非常期盼此書的在台發行，能引動更多台灣專家投入樹木科普教育的行列，更希望華語世界的修樹專才，能參考此書內容，使樹木少受點苦。

　人類，尤其是居住在都會中的人類，必須知道如何與自然共處，才能降低天然災害，擁有舒適健康的都市居住環境。樹木早於人類存在於地球，與樹木和平共處，愛護它、照顧它，樹木必回報人類永續安定的未來，相信這也是此書想要傳達的訊息。

朱慧芳
梧桐環境整合基金會執行長

　走訪田野的老樹現場，我們會親切地低下身來撫觸老樹的紋理，觀察它的狀況與聞聞樹的味道，或者聆聽屬於它獨一無二的在地故事。

　從心、從樹，法自然，這三者是與大樹做朋友的法門。從心，講的是個人的修持與醫德；從樹，聽的是樹的生理與醫理；法自然，是診治樹病時對生態全貌的觀照。堀大才先生獨具匠心，細細梳理樹木的生理構造、培育與診斷方式，讓人閱讀起來如沐春風，這是一本愛樹人不可錯過的入門書。

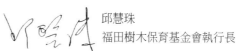

邱慧珠
福田樹木保育基金會執行長

樹木不僅提供綠蔭、休憩，同時也是生活環境與品質的保障，更是伴隨當地民眾成長的共同印記與文化資產。樹木也是生物界中的長者，老樹是歷史的活見證，也是綠色的活古蹟；老樹能在同儕中歷經久遠的歲月而存活下來，其對抗環境逆境的適應方式和智慧，實在值得人們學習。

　　由於樹木年齡往往超過人類，我們其實對樹木並不夠瞭解，很多以為是愛樹的行為，例如樹穴鋪面、傷口外科手術、種植過深、不當修剪……等，不但沒幫到樹，反而害了樹。堀大才先生是日本權威樹木醫，在本書以活潑圖解方式，說明很多重要而正確的樹木知識和管理方式；讓我們可以當一個好的「樹木偵探」，「看懂」樹木告訴我們的訊息，進而可以知道如何善待這位大自然的好朋友。

張育森
台大園藝暨景觀學系教授兼系主任、ISA 國際認證樹藝師

　　忝為一外科醫師，筆者深切瞭解術後病人能否迅速恢復主決於自身之條件。生理上與人大同小異之樹木亦當無例外，無奈卻一再遭濫剪、濫移。雖近年來，在護樹團體與學界之奮力疾呼下，養護情況略有改善，但距理想仍甚遠。

　　欣見由日本權威樹木醫堀大才先生主編的《圖解・樹木的診斷與治療》這本書即將在國內問世，其深入淺出之內涵無疑帶來一線生機，謹此鄭重推薦。

張豐年
台灣蠻野心足生態協會理事、台灣生態學會顧問

世人皆知「農藝學」、「園藝學」，卻少有人知道「樹藝學」。樹藝學是特別針對都市樹木、行道樹之養護管理進行研究及技術改進的科學與實務，1924 年在美國開始形成組織。1991 年日本首創「樹木醫」的考訓與發證，1992 年國際「認證樹藝師」制度亦上路，兩者內涵大同而小異。

　　《圖解‧樹木的診斷與治療》由日本「樹木醫」堀大才領銜編著，雖然內容是日本樹木特性，但絕大多數仍契合台灣國情與環境，深具參考價值。相信其深入淺出的內容，加上饒富趣味的插圖，必能成功將樹藝學的精華傳達給尚在起步階段的國內民眾。

黃裕星
林業試驗所所長

一本公民必讀的愛樹手冊

　　猶記得 2014 年 8 月份，我和內人陪同洪美華社長到日本選書，由於我個人專業所學的緣故，一眼就相中好幾本關於樹木的書，而這本《圖解・樹木的診斷與治療》就是其中的一本。在台灣圖書市場中，絕大多數是園藝類或圖鑑類的書，這些書鮮少談及如何從樹木外型診斷樹木的生長情況，剛好這本書不但符合出版社推廣知綠到行綠的生活理念，更是拉近我們與樹木朋友關係的一本最佳橋樑的好書。

　　其實，日本出版業將專業知識普及化的努力做得實在很好。由堀大才和岩谷美苗兩位樹木生態研究專家聯手合著的這本書也正是如此，作者用淺顯易懂且有條理的表達方式，搭配圖文並茂的插圖，很生動地就將大學裡的森林、園藝、植病等跨領域的樹木知識呈現出來，成為一本簡單卻完備的樹木通識讀本。

　　在我任職的台大實驗林管理處，也會對一般民眾做自然解說，而如何將深奧又專業的生態知識用生動又親切的語言轉介給大家是非常有必要的。於是，有機會我就會運用這本書所介紹的「從樹型理解樹木想傳達的訊息」分享給參與民眾，引導民眾由近而遠觀察樹木的外型，像是有些樹幹為什麼肚子會大大的、樹幹的橫裂或縱裂究竟意味著什麼、枝條和葉子多寡所代表的健康意義……；甚至也會利用園區的空中走廊步道，帶領民眾從樹冠層看樹木，這時候即使是微風吹動樹葉的擺動都可以很明顯地觀察出來，大家這時才驚覺樹木不再是我們走在樹下所認為的 24 小時靜止不動，而這些大小不一的葉子搖動、枝條晃動等等都會傳遞到樹幹、樹根，影響著樹木做出不同的受力反應及根系發展來支撐樹木本身的重量。唯有用不同的視野角度，才會有打破慣性思考模式的體悟。樹木，真是活生生的生命！

　　在城市中，這些不能自主而被迫生長在馬路邊和公園裡的樹木，也有他們的喜怒哀樂。有些樹木很幸運可以生長在寬廣而不受人打擾的地方，但絕大數的都市樹木是生活在狹小的水泥叢林，往上的枝葉沒有辦法享有陽光，向下的樹根也無法盡情伸展，甚至在僅存的方寸之間，不時受到人們

的踩踏而把土壤壓實。種種原因都已經造成了樹木的枝葉稀疏、根系無法深扎的浮根或水分不容易入滲至深層土壤中，造成狀況衰弱的現象……，當我們怪颱風把樹木吹倒時，是否要反問我們自己有讓樹木好好地「頂天立地」嗎？！

談到樹木的修剪和移植，更是樹命關天的兩件大事，像是書中提到粗暴地將樹木斷頭、毫無章法的任意修剪枝條、移樹時把樹木修剪得光禿禿的、移植過程草率導致存活率低……，這些景象常常就在我們身邊發生。本書作者毫不保留地分享長年研究樹木修剪技術的要領，以及可以全冠移植時的「整根」方法，但還是再三叮嚀修剪和移植都是萬不得已的舉動。作者對樹木的用情用心至深，真是一本公民必讀的愛樹手冊，相信可以讓小至家中庭園木得到主人的正確呵護，大到可以體會公園樹或行道樹受到不合情理的對待時，能夠適時為樹木發聲或為樹木請命。

樹木是很長壽的生物，病蟲害也是生態系中的必然現象，不過重點是，狀況強盛的樹能快速產生強大的防禦帶，或是釋放蟲子討厭的抗菌物質，但是活力低弱的樹木，根本沒有足夠能量做出抵抗。因此，如果我們能站在樹木的觀點出發，就會知道樹木所求不多，只需要適地適種，並能夠有充足的空氣、陽光、水，無須我們多費心力，就能在所在的環境活得很好、很健康。

讓我們一起攜手呵護生活在我們附近的樹，而生活在一棵棵樹木所成就的自然綠意裡，我們也會神清氣爽、心曠神怡、身體健康喔！

曹崇銘
台灣大學生物資源暨農學院實驗林管理處助理研究員

讀懂樹木的身體語言，才能善待樹

植物透過光合作用生產有機物，並將其存在體內，或是作為能量來源維持生命。植物群聚之後，形成草原或森林等等多樣化的植物群落，創造肥沃的土壤，為許許多多的生物提供食物以及居所。其中，森林又是以樹木這種巨大又長命的植物所構成，在自然生態系中扮演特別重要的角色。構成森林的每棵樹木都有著自己的生存策略，並且尋找它所適合的生存環境，這些特徵都可以在樹木的身體語言，也就是從樹型的展現方式中看到。因此，要是能夠理解樹木的身體語言，我們就能理解樹木需要的是什麼，又應該怎麼樣去對待它們。本書希望能藉由解說樹木所展現的千萬種姿態，讓大家對樹木有更進一步的了解。

會著手寫下這本書的原因，緣起於共同作者岩谷美苗小姐在「農文協」發行的《現代農業誌》裡面，以「樹木診斷、認識樹木」為專題，針對樹木的身體語言與如何對待樹木的問題，從 1998 年 1 月號到 2000 年 12 月號，總共連載了 27 次的內容。這一次，藉著整理本書的機會，除了對內容進行大幅修改之外，項目也大幅增加。文章盡可能簡潔，插圖也更有親和力，並盡最大努力收錄了最新的科學研究成果。

另一方面，由於筆者們長年從事調查樹木的工作，對於在調查過程中發現的實務經驗，如果認為對於樹木的理解屬於比較合理的內容，就算尚未經科學驗證，我們也把它放在書內。

如果本書能讓更多人對樹木產生興趣或提高關心程度，能正確對待樹木，並對改善環境與生態系有所幫助的話，誠屬萬幸。

最後，向致力於發行本書的「農文協」的各位，特別是書籍編輯部致上最誠摯的感謝。

作者代表　堀大才

從樹型理解
樹木想傳達的訊息

樹木以他的身體語言
向世人滔滔雄辯著

① 樹幹在說什麼

樹幹縱裂的種類與形成原因

仔細觀察樹木，可以看到樹幹跟枝條上有著紋路或皺紋，究竟為什麼會有這樣的紋路呢？其中都是有原因的。

樹木會將過去所經歷過的，全部刻印在自己身上，用身體來呈現過去。透過觀察樹皮，可以推測過去發生過什麼事情。

木材破裂的痕跡

樹木若因風等外力造成木材本體破裂，就可能產生縱向的裂痕。要是在樹幹相對的位置也有縱向裂痕，代表這棵樹曾經受到強風而左右搖擺，木材從中心龜裂而在表皮顯現了。縱裂在力學上雖然沒有什麼支

這樣的縱裂是什麼原因造成的呢？

撐上的問題，但是裂開的傷口容易造成腐朽菌入侵，衍生成縱向的腐朽就會變得很難處理。

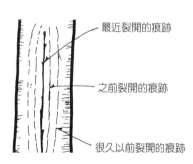

最近裂開的痕跡

之前裂開的痕跡

很久以前裂開的痕跡

裂開

在劇烈的左右搖晃中，木材從中間縱裂

細小的縱裂代表樹木活力不足

櫻花樹和白樺的話，就算在小樹時也會有很多細小的縱裂。如果樹木活力旺盛，在樹木生長快速的時候，樹皮會受到橫向的張力而緊繃，但是在活力不足的樹木身上就會因為生長緩慢，樹皮乾燥後留下細小的縱裂。

白樺

有活力的櫻花小樹：樹皮因為生長快速而變得緊繃

可能是溝腐症狀或是落雷造成

縱裂有時候是因為溝腐症狀的影響。如果是從枯枝為起點，產生形成層死亡留下的縱向溝槽的話，就有可能是溝腐症狀造成。通常在闊葉樹上，可看到向下延伸的痕跡；針葉樹的話，則會看到上下延伸的紡錘狀痕跡。

若是從樹頂向下一直延伸的縱裂的話，也有可能是落雷所造成。

填補傷口的痕跡

縱向傷口在填補後也可能留下縱向的痕跡。如果樹幹上受傷缺損，樹木為了避免樹幹彎折，會讓傷口左右的木材像圓柱般增生，來維持樹幹的強度。當傷口漸漸縮小，完全密合後就可能留下縱向的痕跡。

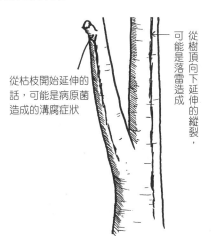

從枯枝開始延伸的話，可能是病原菌造成的溝腐症狀

從樹頂向下延伸的縱裂，可能是落雷造成

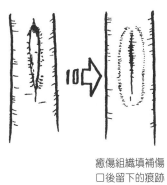

癒傷組織填補傷口後留下的痕跡

【譯註】關於上圖的癒傷組織是植物受創傷刺激後增生用以填補傷口的組織，由薄壁細胞組成，分化能力強（參見30頁）

活躍生長造成舊樹皮破裂的痕跡

在粗壯的枝條下方常常可以看到縱裂，因為健康的枝條會輸送較多養分供給樹幹及根部，為了支撐這個枝條，就會開始枝條的肥大生長（譯註：肥大生長又稱次級生長，相對於拉高樹高的初級生長，肥大生長用於描述樹木加寬年輪的行為）。在肥大生長之後，舊的樹皮會隨之破裂，從中可以看見新的樹皮，也因此留下明顯的縱裂。

以最少的養分進行最有效率的枝幹強化

大部分的樹木在幼小的時候會均等的將樹幹加粗而呈現圓形，但是在成熟的老樹身上，只會在必要的部分增加生長。舉例來說，直徑 50 公分的圓形樹幹，每年年輪增加 5 毫米的話，一年能成材的橫斷面積為 79 平方公分，而直徑 1 公尺的樹木年輪同樣每年增加 5 毫米的話，能成材的面積則會提升至 158 平方公分。也就是說，年輪增加同樣寬度，對越大的樹木來說，所需要生長的木材量就越多，直徑 1 公尺的樹木相比於直徑 50 公分的樹木就需要增加接近兩倍的的材積（譯註：材積為木材體積的簡稱），再算上樹高，以

健康而粗大的枝條下方，常常可以看到因為「肥大生長」造成的舊樹皮破裂、露出新鮮樹皮的情況

及枝葉、根系的差距，可能差距會拉到三倍。

但是對樹木來說，基本上不能用樹幹的粗細與樹高的比例來推算葉子的數量，以及光合作用產生的能量。特別是當樹木成長為老樹之後，就算樹幹直徑增加，能用於木材生長的能量也幾乎不會增加。因此，樹木會對力學上負擔較高的地方優先進行補強，將大部分的能量轉化為木材來支撐這些地方。粗大的枝條或粗大的根系與樹幹相連的部分就會有較強的應力作用（譯註：應力即物體所承受的作用力），所以樹木會持續增加這些部位的木材。這種情況在鵝耳櫪屬及木瓜海棠特別明顯，盡其所能的以最少的材料來補強樹幹。

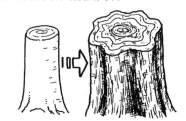

老樹會在受力最多的部位，增加新材作為支撐

橫裂的種類與形成原因

大部分的情況下橫裂的問題要比縱裂嚴重。不僅樹幹折斷的危險度提高，水分及養分的輸送被阻斷也是重要原因之一。

木材破裂的痕跡

當樹木因強風等因素斷折時，通常會產生較尖銳的橫向傷口，這種傷口不僅容易造成樹幹折斷，對樹木來說也是非常困擾的傷害。

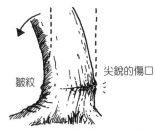

皺紋

尖銳的傷口

受強風吹折的痕跡

天牛蛀食的痕跡

白條天牛以及星天牛會在樹上持續的橫向啃食，特別是白條天牛的成蟲，有沿樹幹啃食一圈並產卵的習性，在幼蟲孵化後，會在樹幹內部持續挖掘，隧道也隨之增大。當樹幹受到風吹拂時產生的斷裂跟內部的隧道連在一起時，就會產生橫裂。

殼斗科等樹種被白條天牛幼蟲啃食造成的痕跡
成蟲會沿著樹幹啃食並且持續產卵

枹櫟等殼斗科樹種如果在離樹幹高 1.5 公尺左右的位置出現橫裂，並且有尖銳的突起的話，多半就是白條天牛所留下來的痕跡。

當黑櫟等樹種在離地面 3 公尺左右以下出現嚴重的不規則凹凸的話，就有可能是星天牛的幼蟲所造成的穿孔。星天牛幼蟲所啃食的部位會膨大是因為樹皮的韌皮部被啃食，從上方向下運輸的養分無法傳輸就在該處堆積，使得被啃食部位的生長加速；另一個原因是形成層為了修補受損部分而加快生長速度。但是，也可能是受到天牛幼蟲身上所攜帶的病原菌刺激，造成植物賀爾蒙濃度異常，才導致膨大發生。

星天牛幼蟲啃食的痕跡，多半在離地 2 公尺處發生

曾經被繩子綁過的痕跡、支架的痕跡

在樹木上輕輕綁上繩子或纜線，隨著時間過去，樹木本身會變粗，被綁住的部分就會限制樹木的生長，樹木為了不被折斷，就會在繩子上面增生木材，將其包覆至體內。包覆了繩子的部分除了會留下橫裂之外，由於繩子跟木材組織在結構上並沒有連接，所以會成為力學上的弱點，因此樹木會在此處增生更多木材來彌補。

受到壓力產生的橫向皺紋

枝條下方或是樹幹根部彎曲的部分，可以看到像蛇腹一樣堆疊在一起的皺紋。

這是因為樹皮受到樹木本身的重量，或是枝條被風吹拂時的形狀變化對樹皮產生壓迫等因素，於是枝條慢慢向下垂所產生。

樹幹根部的橫向皺紋，是樹根生長加粗後，彎曲的部位空間不足，樹皮間相互擠壓造成。

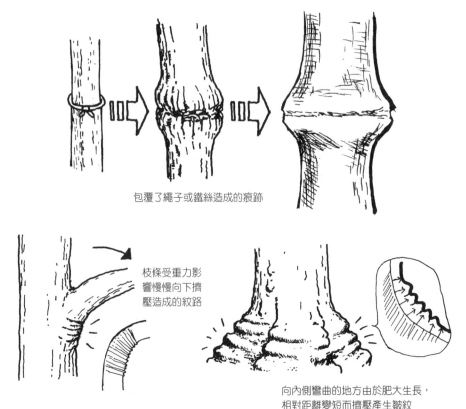

包覆了繩子或鐵絲造成的痕跡

枝條受重力影響慢慢向下擠壓造成的紋路

向內側彎曲的地方由於肥大生長，相對距離變短而擠壓產生皺紋

枯枝與休眠芽的痕跡

欅木及朴樹等樹幹上常常可以看到橫裂，這是由於小枝條枯萎掉落，或是休眠芽所留下的痕跡。當長出芽卻沒有發芽形成殘留的休眠芽時，形成層並不會將其完全埋沒至木材中，其產生的痕跡會如圖一路延伸至樹皮表面，隨著樹幹慢慢變粗，這個痕跡也會在樹皮表面變長形成橫裂。越長的橫裂代表在枝條越細的時候產生了休眠芽。

樹木常因為樹冠的遮蔽，而對下方的枝條進行自我修枝，枝條掉落的痕跡上長出的芽也成為休眠芽並留下橫裂，隨著樹幹年年加粗，橫裂亦隨之增長。

樹木在樹冠的頂芽失去活性、或是遭到修枝時，會讓側芽開始發育。也就是從樹幹或枝條長出的側枝，這是樹木為了在樹冠枯死的時候，能夠快速應對長出新的枝條所採取的保險措施。

櫻花的橫裂＝皮孔

櫻花的樹皮上有很多橫向的紋路，被稱為皮孔。

皮孔是樹皮中的韌皮部薄壁細胞為了呼吸氧氣所留下的換氣口，藉由木栓（譯註：木栓為樹皮的一部分，是形成層向外生成的保護構造）產生特殊的型態，可以讓空氣通入且抗拒病原菌於外。此外，可以透過皮孔的長度，作為分辨櫻花種類的依據。

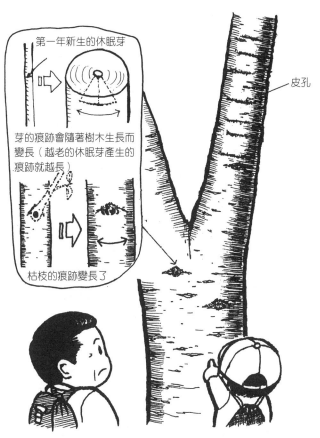

第一年新生的休眠芽

芽的痕跡會隨著樹木生長而變長（越老的休眠芽產生的痕跡就越長）

枯枝的痕跡變長了

皮孔

樹瘤的種類與形成原因

當樹木形成樹瘤的時候，總是會
猶豫到底要不要把它除掉，事實上
樹瘤的成因有很多，有時候去除掉
的話反而會造成樹木枯死。此外，
在去除樹瘤的時候勢必會留下很大
的傷口，也會成為胴枯病（譯註：由於
真菌引起，造成樹幹或大枝條枯死的疾病）
或害蟲的侵入門戶。所以，已經長
大的樹瘤還是不去除為佳。

那麼，究竟是什麼原因造成樹瘤
呢？

為什麼會長出樹瘤呢？

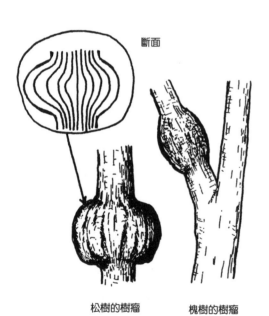

斷面

松樹的樹瘤　　　槐樹的樹瘤

大型的樹瘤不
要去除比較好

真菌類造成的樹瘤

在松樹或槐樹樹幹上的樹
瘤是由一種銹菌引起的，因為
受到病原菌入侵，該部位的植
物賀爾蒙濃度異常而出現異常
增生。此處提及的賀爾蒙是指
植物生長素。

細菌引發的樹瘤

　　藤類或楊梅等樹種的樹瘤，是由於修枝或其他原因留下的傷口造成的細菌感染。櫻花樹、桃樹等等闊葉樹會得的根部癌腫病，也是因為由細菌所造成的土壤感染性的疾病。當細菌侵入時，正常的細胞就會腫瘤化而快速增殖，形成樹瘤。病原也會隨著維管束運輸，而在樹幹等處發病，跟動物的癌症相去無幾。當腫瘤狀的患部腐朽後，也會成為其他腐朽菌的侵入門戶。

　　另外，櫸木、殼斗科、朴樹、樟樹等等也常長出樹瘤，但也常有原因不明的情況發生。

接枝的痕跡

　　日本五葉松常常以黑松為砧木來嫁接，因為砧木的黑松生長速度較

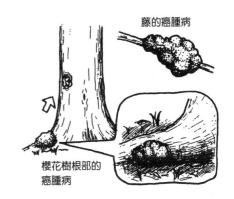

藤的癌腫病

櫻花樹根部的癌腫病

快，所以在嫁接處會膨大，這種情況稱為「砧木優勢」。

　　鐵冬青由於有個體雌雄性別差異，為了確保能得到果實，會將已長出紅色果實的枝條進行嫁接。這種情況下砧木的生長較佳，就會在嫁接處產生膨大。就算砧木跟穗木相同樹種，也常會發生砧木優勢的情況。

　　相反的情況下，當砧木的生長速度較慢，穗木在嫁接處產生膨大就被稱為「砧木劣勢」。

　　另外，穗木沒接好的時候，也會產生膨大。一旦砧木和穗木沒有癒合好，樹木就會急於補強而膨大該部位組織來進行修復。

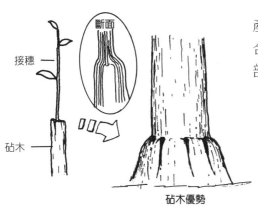

接穗

斷面

砧木

砧木優勢

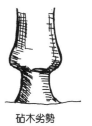

砧木劣勢

【譯註】砧木是嫁接時用來當作承受穗木的植株；穗木則是嫁接時用來接到砧木的芽。

修枝造成的大傷口的癒合

在修剪枝條後，樹木為了修復傷口，會促進周圍組織增生。當傷口完全癒合時留下的就是類似瘤狀的突起，也就是所謂的癒傷組織。有時在癒傷組織也會長出新的芽，就被稱為不定芽。將這些芽發展出的枝條持續切除的話，癒傷組織會更加發達。

枝條會形成癒傷組織來填補切口

持續修剪同樣部位造成的膨大

將枝條先端切除後，繼續反覆切除該處生長出的新芽及枝條的話，樹木為了防止病原菌入侵，就會將養分輸送至此並囤積起來形成病原菌的隔離層，隨著養分累積，膨大也會更加明顯。

常用於行道樹的懸鈴木以及種植於庭園的紫薇，就常常可以看到這樣的膨大。如果在枝條尚幼的時候就持續修剪，這種情況下造成的膨大幾乎不會有木材腐朽菌入侵的情況發生。

如果覺得這種膨大很醜，也不能隨便將之切除，因為這種膨大就是修枝造成的。如果將有高度防衛機能的膨大切除的話，胴枯病及腐朽菌會更容易入侵植株。

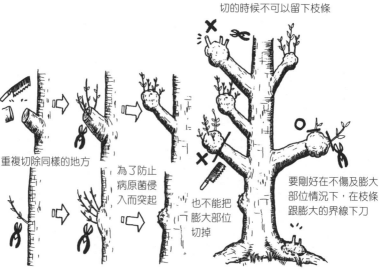

切的時候不可以留下枝條

重複切除同樣的地方

為了防止病原菌侵入而突起

也不能把膨大部位切掉

要剛好在不傷及膨大部位情況下，在枝條跟膨大的界線下刀

將樹砍倒後從根部長出的萌蘗也一樣（譯註：植物受傷後長出的新芽，稱作萌蘗），數度切除後也會產生膨大。這常常會與根部癌腫病及腫瘤病，甚至多芽病搞混，但只要看有沒有切除的痕跡就可以判斷了。

（譯註：所謂的多芽病指的是在枝條先端長出大量新芽，但卻不會成長）

藤蔓以螺旋狀攀附在樹上

樹幹在說什麼（4）

螺旋的種類與形成原因

在樹幹或枝條上產生的螺旋狀凹凸是有其原因的。

被藤蔓纏勒的痕跡

藤或葡萄樹等藤蔓性植物會附著在其他的樹身上成長，被附著的樹木就無法在被纏繞的的部分進行加粗生長。雖然樹木會嘗試包裹攀附在它身上的藤蔓，但是藤蔓本身也持續在生長，形成兩方僵持的狀態下繼續存活。有時會發現藤蔓對樹木施加壓力所留下的痕跡，已經變得施加外力時也拿不下來。甚至在藤蔓還細的時候去除，還是會留下藤蔓的螺旋痕跡。

如果被纏勒部分的形成層沒有死去，將藤蔓移除後有時反而會讓被纏勒部分的生長加速而留下比沒被纏勒部分更突起的痕跡。

但要是藤蔓勝出，樹木的形成層被壓死的話，就會形成螺旋狀的腐朽痕跡。

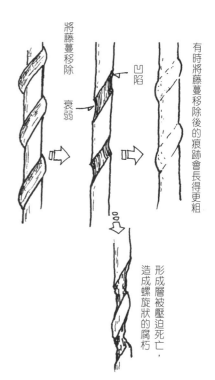

將藤蔓移除

凹陷

衰弱

有時將藤蔓移除後的痕跡會長得更粗

形成層被壓迫死亡，造成螺旋狀的腐朽

螺旋木理

石榴和小果珍珠花都可以見到扭曲的樹幹，這是基因的表現上就是呈現螺旋型的木理。但有些樹種外觀上看不出來，實際上木材內部卻呈現螺旋木理。像是鵝耳櫪屬、山櫻、日本七葉樹、松類等等都是。

鵝耳櫪是以雙方向的螺旋交織形成的網狀結構，比起一般樹種均勻生長，這種生長方式能更有效的補強受力位置。

對樹木來說，螺旋狀的樹幹除了在力學上的支撐之外，對失去主要側枝或側根時的應對也更加完善。樹枝跟樹根在某種程度上有對應關係，生長勢較好的樹枝就會對應到生長勢較佳的樹根，相連的部分樹幹也會變得更粗。當大的枝條枯死時，相對應的根也會枯死。

在非螺旋木理的情況下，大的根系枯死的時候，同一側的枝條會全部枯死，整棵樹就會只剩半邊有枝條而形成不安定的樹型。但螺旋狀的木理會向所有方向生長側枝，因此不會產生單邊樹枝全枯死的情況。

連繫著樹根與枝條的樹幹組織呈現螺旋狀的話，就可以均勻的向四處運送養分跟水分。螺旋的樹幹就是為了在根系枯死時，也不會影響整體水分、養分運輸的構造。

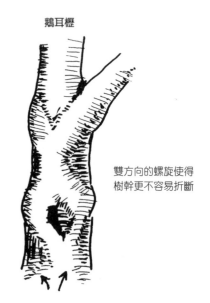

鵝耳櫪

根系與枝條以螺旋狀的木理連結，就算有一根粗大的根系死亡也不會影響整體平衡

雙方向的螺旋使得樹幹更不容易折斷

【木理】在觀察木材表面時，構成木材細胞的排列方向被稱為木理；而木材纖維的連結方向相對於樹幹軸心呈現螺旋狀傾斜時，則稱為螺旋木理。

產生扭曲增加強度

風

龜裂

對逆風則無法抵禦

風

風力造成的扭曲紋路

若樹木長期受到同方向的風吹拂，樹幹及枝條會對應風的方向進行補強。就像擰毛巾後會變硬一樣，樹木為了強化自身，會自己產生扭曲來避免折斷。

但是這種應對只能針對同方向的風強化。可是**當有強風從反向吹來時，就會有很容易斷裂的缺點**，就像把擰好的毛巾反向轉就會散開一樣。

空洞的形成原因

木材腐朽菌造成的空洞

木材腐朽菌，顧名思義就是會讓木材腐朽的菌。對樹木來說，木材腐朽並不是什麼嚴重的病。為了讓枯掉的枝條掉落，木材腐朽菌的存在是必要的。樹幹的心材是由死亡的細胞構成，心材腐朽的話會造成力學上的弱點，但是對整體的生理現象並不會造成影響。不過，充滿活細胞的形成層或是韌皮部、邊材的薄壁細胞（參考 101 頁），以及由死細胞構成用來從根部運輸水分的導管和假導管被攻擊的話，就會有很嚴重的影響。

木材腐朽菌會從枯枝、受損的樹皮、蟲咬造成的傷口，以及修枝留下的傷口入侵。樹木為了避免木材腐朽菌擴張，會將木材腐朽菌無法消化的物質集中在患部附近的薄壁細胞，形成防禦壁來阻止其擴散。

樹木會形成空洞就是因為這層防禦壁以內的木材被木材腐朽菌消化殆盡所留下的。但是這防禦壁並不完美，如果樹木本身不健康，就無法做出能夠完全抵禦木材腐朽菌的防禦壁，防禦壁一旦被突破，腐朽菌就會擴散到更多部位。

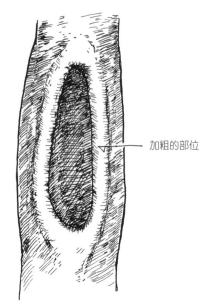

加粗的部位

表面上出現破洞的話，就會加速兩側增生來補足強度

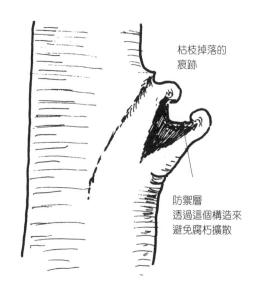

枯枝掉落的痕跡

防禦層
透過這個構造來避免腐朽擴散

在空洞的兩側增生來補強樹幹

樹幹在彎曲的時候，比起樹幹中心，靠近樹皮的部分受到的壓力跟張力都更大，中心部在力學上幾乎不受力，所以樹幹出現空洞就像水管一樣，空洞的比例不到一定程度的話，在力學上幾乎不會產生影響，也不容易折斷。

不過木材表面有洞的話，就很容易從中折斷，樹木為了避免這種情形，就會在洞的兩邊增生出圓柱來補強。

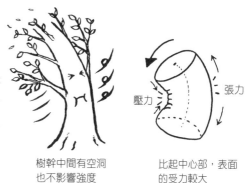

樹幹中間有空洞也不影響強度

壓力　張力

比起中心部，表面的受力較大

表面出現空洞時

樹木產生堅固的防禦壁來封鎖腐朽菌

防禦壁內側的木材被分解而留下空洞

在洞的兩側增生較粗的圓柱來補強

修枝造成的枯萎

在樹幹上造成空洞或是溝狀腐朽常常都是修枝所造成的。修枝的時候如果切到幾乎貼平樹幹的話，會把用來支撐樹枝的枝頸（參見45頁）也切掉。這樣的話在傷口修復之前，病原菌很容易入侵植株，樹皮或形成層被感染而失去功能，接著木材腐朽菌就會入侵造成空洞化（參照 172～173 頁）。

較大的枝條被切除後，如果下方馬上出現溝狀腐朽的話，是因為枝條下方的組織失去一直以來供給養分的枝條，營養不足而造成的。

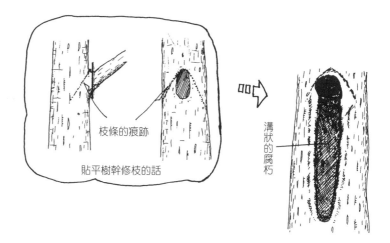

枝條的痕跡

貼平樹幹修枝的話

溝狀的腐朽

樹幹彎曲的形成原因

樹幹在正常的狀況下會筆直的向上生長，因為這是最穩定的生長方式。但是，在日本的松樹上常常可以見到樹幹彎曲的例子。

樹幹頂芽受到損傷

如果樹梢的頂芽受到風吹等因素而枯萎，在最高點、最健康的側芽就會取而代之。然後由側芽來負責向上發展，並取回平衡。如果頂芽受到多次損傷，樹幹就會變成彎彎曲曲的樣子。但是不管怎麼彎，最後都會回到樹幹跟樹梢垂直的平衡且安定的狀態。

外國的松樹幾乎都是筆直向上，為什麼日本的赤松跟黑松幾乎都有彎曲呢？因為日本有太多害蟲了，松樹頂端的新芽被啃食，一旦頂芽枯死，就會由最高位置的側芽中最健康的取而代之向上生長，也會得到比其他側枝更多養分而成長為新的樹幹，結果就是樹幹彎曲了。

大多數的針葉樹只有頂芽向上生長，其餘側芽呈現水平生長（頂芽優勢），但只要頂芽受到損傷，就會由側枝中最健康的枝條來取代成為新的主軸。

為了尋求日照或空間而彎曲

日本松樹彎曲的理由還有一個，就是喜歡陽光的松樹要是在光照不

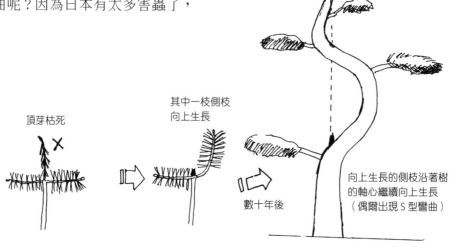

頂芽枯死

其中一枝側枝
向上生長

數十年後

向上生長的側枝沿著樹的軸心繼續向上生長（偶爾出現 S 型彎曲）

足的時候，就會馬上變更樹幹的生長方向，只為了爭取更多的陽光。此外如果生長在森林中，松樹的頂芽也會為了避免跟其他樹的枝條接觸而彎曲。

在林緣地區（譯註：森林的邊界），闊葉樹的樹幹會向開闊的田地或道路彎曲也是一樣道理。如果沒有受到強風或病蟲害影響，也沒有跟其他樹木接觸，那松樹就會筆直的向上生長。

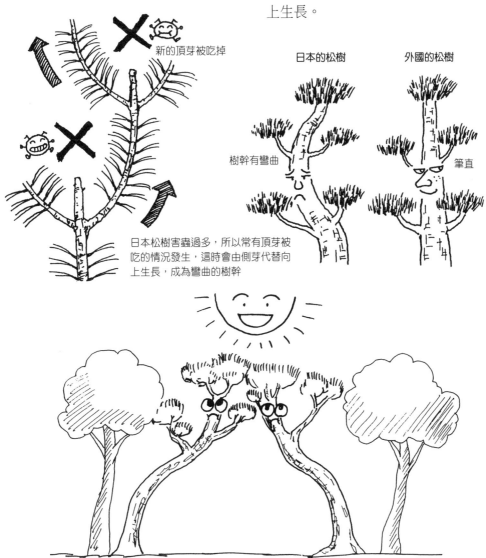

新的頂芽被吃掉

日本松樹害蟲過多，所以常有頂芽被吃的情況發生，這時會由側芽代替向上生長，成為彎曲的樹幹

日本的松樹

樹幹有彎曲

外國的松樹

筆直

向能爭取更多陽光的位置生長的松樹

傾斜的樹幹站起來

　　被強風或積雪等壓倒而一度傾斜的樹梢，為了恢復向上的生長方向，會讓樹幹彎曲。生長在傾斜表面樹木，會發現這些樹幹常常會向下坡彎曲，那是因為受到積雪或土石流壓迫而往下坡傾斜。若是傾斜的樹幹沒辦法向上修正，在樹幹上緣的側枝就會變為主軸生長而變粗，以維持平衡。

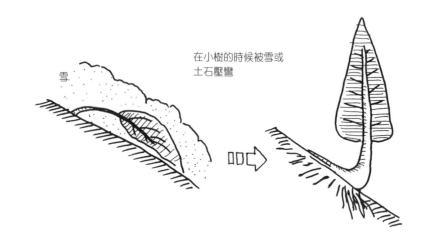

在小樹的時候被雪或
土石壓彎

雪

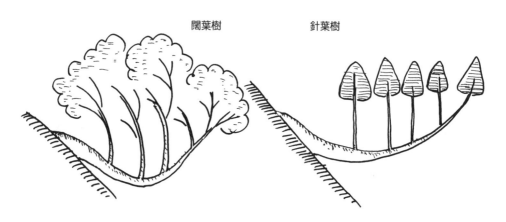

闊葉樹　　　　針葉樹

傾倒的樹幹沒辦法向上彎曲的話，樹幹上緣的側枝
就會向上生長來取得平衡

② 枝條在說什麼

樹枝分叉的位置與顏色

枝條的高度永遠不會改變

樹木是地球上最大的生物。樹木不像人類一樣可以減肥，隨著年齡增長只會變高變胖。樹木的枝條會不斷向外側伸展，樹冠會一年比一年大。但是每年樹枝生長的時候，樹枝的間距卻不會改變，一旦長出來的枝條相對於地面的高度幾乎不會再產生變化，但是樹枝分叉的位置會稍微往上升。

此外，樹林的樹幹、枝條或是根都會因為年輪增長而變粗變大來支持身體，年輪則會隨著年齡大小而死亡變成心材，但形成層卻會不斷形成新的年輪向外移動。

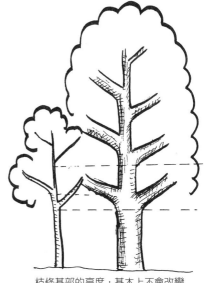

枝條基部的高度，基本上不會改變

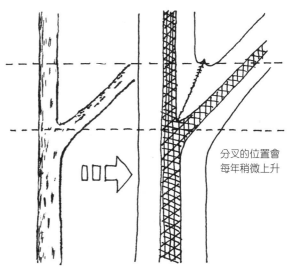

分叉的位置會每年稍微上升

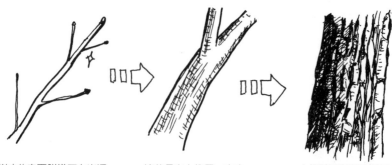

樹皮的表面鮮嫩而有光澤　　　接著長出木栓層，表皮　　　木栓層逐漸累積變厚
（還未產生表皮）　　　　　　層遭到破壞

從枝條的顏色得知年齡

　　樹木在長出來的第一年其實構造跟草差不多，表皮的蠟質層有著充滿蠟質的表皮細胞，內側則含有葉綠素的皮層，並在此行光合作用。因此，初生第一年的枝條多半為綠色或赤褐色。多數的樹木在第二年的時候，皮層的一部分會由木栓形成層向外形成木栓層（譯註：樹皮由內而外可以細分為栓內層、木栓形成層、木栓層等組織），並且突破表皮而露出。木栓層會隨著時間過去堆積在枝條表面，枝條也因此失去光澤。

枝條們在光的競爭下，敗者淘汰枯萎

　　樹木每年都會生長新的枝葉，數量越多，光合作用所產生的糖分也會越多。但是上部的枝條數量增多後，下部的枝條遭到遮蔭，光合作用效率下降，就會枯萎而掉落。

　　生長環境四面都能夠得到充分陽光的樹木，會向四面八方延伸枝條，並且在樹梢長出大量樹葉，但靠近樹幹的小枝條就會枯萎。

上部及樹梢的枝條增加，內側的枝條枯萎掉落

枝條的層數可以判斷松樹的年齡

在黑松或赤松的樹梢中,除了向上生長的頂芽之外,還有數個向水平方向生長的側芽,這些側芽會避免彼此重疊,呈放射狀向四面散開。

松樹在春天到來的同時,會將所有的芽一起發芽生長,幾乎沒有芽會變成休眠芽。所以就算松樹狀況衰退,也不會有萌蘗或是幹生芽的情況發生。松樹的枝條,包括芽和葉子全都被去除的話,該枝條就會直接死亡。

因為不會有萌蘗與幹生芽,所以只要數樹上枝條掉落的痕跡,就可以大概推測出松樹的年齡。因此,只要知道從種子發芽到樹幹最下方的枝條脫落痕跡需要多

少年,就幾乎可以推斷出正確的樹齡。

一般來說,從苗木發芽開始,生長到出現第一個側芽的高度需要約 3～4 年的時間。但是這個方法僅適用於頂芽完全沒有枯死過的狀況。頂芽一旦枯死,就會從最上端的側枝中活力最旺盛的枝條作為新的頂芽,並以此來取代枯死的頂芽成為主幹。

在側枝上也會有枝條掉落的痕跡,雖然數了也能知道樹的年齡,但是側枝常常會有許多細小的枝條,要看出脫落的痕跡較為不易。此外,如果是較高的樹的話,從下方要計算實在是十分困難。

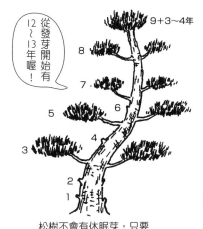

松樹不會有休眠芽,只要不會枯死就會全數發芽

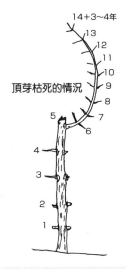

因為枝條的角度與頂芽優勢的強弱而變化的樹型

樹種與位置決定枝條的角度

同樣的樹種時，枝條相對於主幹的角度都是差不多的。大部分的枝條都會向著相似的角度延伸，所以各個樹種都有各自的樹型存在。

基本上，黑楊的枝條會沿著主幹向上、櫸木是像扇形擴張、山桐子的枝條是垂直主幹生長、日本冷杉則是向斜上方伸出枝條，至於歐洲雲杉初生的枝條會向斜上生長，同時也會隨著枝條加粗、重量加重而垂下。就算是相同的樹種，當生長的環境是在開闊地區的話，下部的枝條也會因為被遮蔽或是光的影響，與樹幹的角度會稍微加大或是稍微下垂來擴展受光的面積。

以一根主幹為軸，向四周伸展細的枝條這種形式多半是針葉樹，長大以後有複數主幹的多半是闊葉樹，但也有例外。

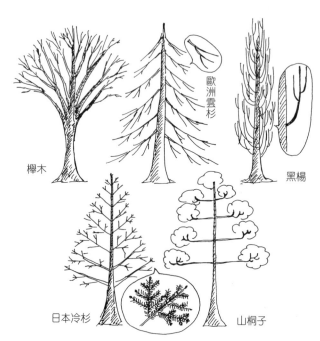

同樣樹種的話，枝條和樹幹的角度幾乎都相似

頂芽優勢強而呈現圓錐樹形的針葉樹

唐檜及柏科等大部分針葉樹會呈現圓錐形的樹型，這是由於頂芽抑制側芽生長，只有頂芽會向正上方生長的「頂芽優勢」強盛造成的。

當頂芽枯死時，最高的一群側枝中生長勢最好的枝條會取代成為新的頂芽，並且成為主幹。生長勢差不多時，有時候也會有 2 或 3 根側枝同時成為主軸的例子。

大部分的闊葉樹在成熟後頂芽優勢會減弱，容易形成複數的主幹，結果就是樹型呈現圓形，之後再發展為橢圓形的樹型。但是也有像山桐子這樣頂芽優勢強盛的闊葉樹樹種。

櫸木在幼年會只有一個主幹，但成熟後會出現複數頂芽，而呈現像掃帚的樹型。

頂芽優勢在枝條上也存在。每個枝條的先端的芽，為了取得足夠養分而繼續沿著枝條方向生長，就會抑制其他的芽變成新的枝條。

抑制側芽向上生長，只有頂芽會筆直向上生長

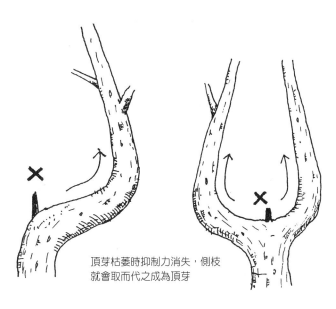

頂芽枯萎時抑制力消失，側枝就會取而代之成為頂芽

受到光環境而改變枝條的生長方式與樹型

因光環境而變化的樹型

在高密度種植的造林地與稜線上生長的獨生柳杉，在樹型上會有很大差異。生長在稜線的柳杉會得到四面八方的光照，甚至能從斜下方受光，所以下部枝條也會生長得十分茂密。如此一來會讓樹幹變粗，也為了避免強風讓水分流失，進而生長出深而廣的根系。

在造林地的柳杉，必須與其他柳杉競爭下勝出，才能得到更多光照，所以枝條幾乎只會向上生長，樹幹

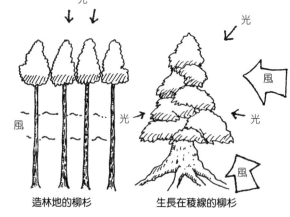

造林地的柳杉　　　　生長在稜線的柳杉

也因著重於高度生長而較細。也因為附近有其他柳杉為彼此遮風，抗風性變弱，根系範圍也相對變小。

只向單側生長的林緣木

在樹林最外側的樹木稱為林緣木。如果林緣木是柳杉的話，就算主幹筆直生長，也只會有單邊枝條存活。但因為比林內的柳杉有更多的枝條及樹葉，所以樹幹會比林內的其他柳杉更粗一些。

在闊葉樹林的話，林緣木會避開林內樹的樹冠去爭取陽光，常可看到樹幹直接向外部傾斜。

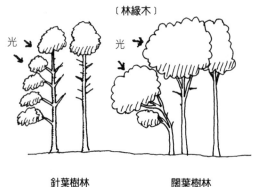

〔林緣木〕

針葉樹林　　　　　闊葉樹林

樹幹跟枝條的分叉這麼說

到哪裡是樹幹？到哪裡是枝條？

　　樹幹為了支撐枝條，會在枝條的根部增生組織來強化自己。這個部位被稱作枝頸。枝頸的養分來源還是依靠樹幹，但枝條正下方的組織則是依靠枝條提供養分，所以只要枝條枯死，這些部位就會跟著枯死。

　　修枝的時候，如果能夠切在枝條跟枝頸的界線上，傷口就會好得比較快（參考 173 頁）。

容易折斷的危險枝條是哪個？

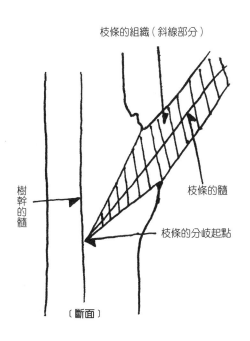

枝條的組織（斜線部分）

樹幹的髓

枝條的髓

枝條的分岐起點

〔斷面〕

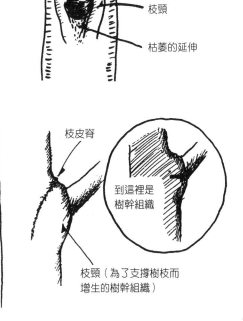

腐朽

枝頸

枯萎的延伸

枝皮脊

到這裡是樹幹組織

枝頸（為了支撐樹枝而增生的樹幹組織）

辨別容易折斷的危險枝條的方法

樹幹與枝條，或是枝條與枝條間的木材有緊密相連的話，在連接的部分樹皮會向外突起。這個交叉部分被稱為枝皮脊。在正常生長並且有枝皮脊的分叉點，樹幹跟枝條的木材緊密連結，彼此互相支撐，形成不易斷裂的構造。

在分叉兩側中間的枝皮脊往下延伸，枝條軸心交會的部分就是當初芽的位置。從側面來看，如果枝皮脊幾乎在樹幹中間的話，代表這個枝條是在樹幹還很細的時候分叉的。

樹幹與枝條、或是枝條與枝條間的樹皮如果出現楔型，代表枝皮脊並沒有發育完整。這種情況下樹幹與枝條、或是枝條與枝條間的木材沒有辦法彼此支撐，遇到大雪或是強風吹拂等情況，應力就容易集中在楔型的部位而斷裂。如果枝條被扯斷，甚至有可能裂到樹幹的中心。

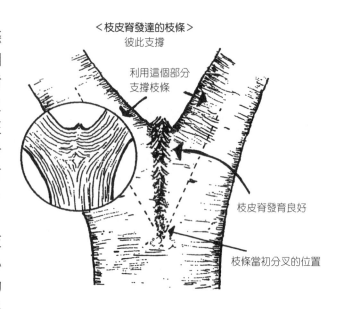

＜枝皮脊發達的枝條＞
彼此支撐

利用這個部分支撐枝條

枝皮脊發育良好

枝條當初分叉的位置

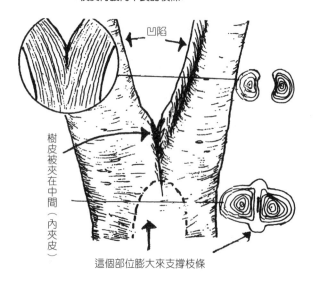

＜枝皮脊發育不良的枝條＞

凹陷

樹皮被夾在中間（內夾皮）

這個部位膨大來支撐枝條

分叉的上部內側為什麼會有凹陷呢？

為什麼在樹幹跟枝條的分叉內側會有凹陷呢？

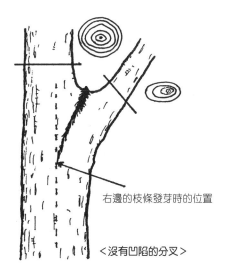

右邊的枝條發芽時的位置

<沒有凹陷的分叉>

<有凹陷的分叉>

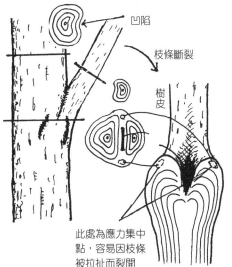

凹陷

枝條斷裂

樹皮

此處為應力集中點，容易因枝條被拉扯而裂開

枝條分叉的部分如果在生長後壓迫到樹皮，就會對這個部分的樹幹及樹枝的形成層生長造成妨礙。為了彌補這部分的養分供給，樹幹跟枝條的側面就會增加生長，進而造成凹陷。此外，被壓迫的樹皮對樹木來說與龜裂相似，樹木為了彌補內部龜裂造成的應力弱點，在其側邊增加生長以補強也是原因之一。

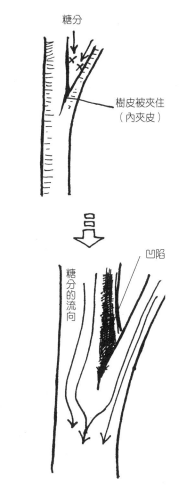

糖分

樹皮被夾住
（內夾皮）

凹陷

糖分的流向

利用枝條維持平衡的樹木

樹幹傾斜的話，枝條會往反方向長

如果環境光源十分充足，卻受到強風將根系切斷而傾斜，等到穩定下來之後，樹幹若沒有辦法自己站起來（譯註：利用頂芽生長長回原本主軸線），樹木就會在傾倒的反方向生長枝條來維持平衡。

針葉樹會像豎琴一樣垂直向上生長，闊葉樹則會向斜上方長出枝條。

為分散風力而改變生長方向的枝葉

樹木為了避免受到強風吹拂而傾倒或折斷，會在樹冠的生長方式上做出改變以分散風力。樹木受到強風時會劇烈搖晃，上部的枝條向順風側彎曲時，迎風側的下部枝條也會向下彎曲以求平衡。

當風停止後，上部枝條反彈回來時，下部枝條則會向上彈回，避免整棵樹受到同樣方向的作用力，藉以消除可能折斷的危險。下部枝條向下彎曲，也可以避免根被拉扯。

針葉樹

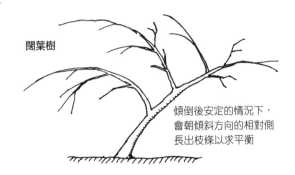

闊葉樹

傾倒後安定的情況下，會朝傾斜方向的相對側長出枝條以求平衡

風

分散作用在枝條上的力量，以避免傾倒

壓住根系

樹種不同而有不同的對應方式

不同樹種對外來力量的對應方式各有不同。

像是歐洲山楊等楊屬的樹木，葉柄跟葉面呈同一平面，不管風從什麼方下來都可以馬上順著風向旋轉，像是團扇一樣旋轉來避免直接受力。此時整棵樹會發出聲響，也因此得名（譯註：日文名ヤマナラシ，意思是宛如山鳴般）。

垂柳的枝條細長而下垂，隨著風向飛揚來減輕受力。

樟樹受到強風時細小枝條很容易折斷，但是樹幹本身則很少受損，透過「棄車保帥」的方式折損受到強風的枝條以保存主幹。也因為樟樹儲存了大量防止病蟲害入侵的樟腦，所以就算枝葉受損造成傷口也不太會發生腐朽病或胴枯病。

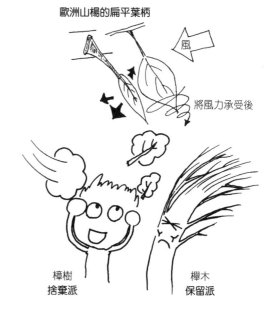

歐洲山楊的扁平葉柄

風

將風力承受後

樟樹
捨棄派

櫸木
保留派

櫸木會盡量避免捨棄任何枝條，於是將木材強度強化，像是掃帚一樣整棵樹隨風擺盪。因為櫸木樹冠較大，迎風側跟順風側的枝條也會以不同方式搖擺來削減風力。

梣木拐杖的製作方式

在種植梣木樹苗時將樹幹放倒，如此的話就會有大量幹生枝條筆直長出，等長到一定粗細就可以切下製成拐杖。

③ 根在說什麼

細根型的樹與粗根型的樹

實生根多半又粗又直、移植根則細且分支多

從種子開始生長的樹根一般不太會在接近樹幹的地方分岔，而是以又粗又長的根系盡可能的向外生長擴張。

如果是被移植過的樹，由於根系一度被切斷，所以會在接近根領（譯註：根莖接合的部位，又稱根頸）的地方分出細小的根系。如果多次移植或「整根」的話，根領附近的細根就會變得更多，也更容易在移植後活下來。

但如果是未曾移植過的樹，根領附近可能只有像牛蒡一樣粗的根，這種情況下就不適合移植。因為移植後根領附近只剩下粗的根系，會因為無法吸收足夠水分而枯死。如果要移植這種樹，必須在前年開始進行「整根」，促進靠近樹幹的部位增生細根，才能增加移植的存活機率（「整根」作法請參考 156 ～ 159 頁）。

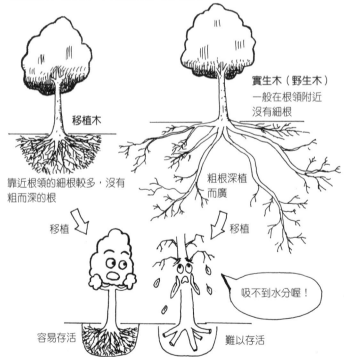

移植木

靠近根領的細根較多，沒有粗而深的根

實生木（野生木）
一般在根領附近沒有細根

粗根深植而廣

移植

移植

吸不到水分喔！

容易存活

難以存活

從根領的形狀來推測根系的生長方向

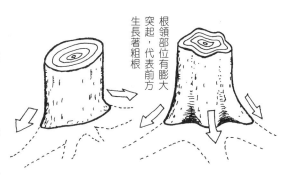

根領部位有膨大突起，代表前方生長著粗根

從根領突出的部位，就能知道根系的生長方向

在根領連接樹幹的部分，如果可以看到生長活躍而突起的部分，代表這些突起的下方就長著較粗的根。

就算根部被土壤蓋著看不到增生的部分，樹幹突出的地方一樣接續著粗的根系，凹陷的地方就不會有粗根生長。如果樹幹呈現橢圓形，代表長軸的方向有粗的根系生長。

樹幹的傾斜與根系的方向

如果樹幹傾斜了，樹木會為了取得平衡而發展根系，闊葉樹的話會在傾倒的對側加粗樹根，將傾倒的樹幹拉著以求平衡。

針葉樹的話會在傾倒側紮深根，來把傾倒的樹頂回來（參考57頁）。

但是像行道樹等生長在狹小地方的樹，要是根的生長受到阻礙，根系就會轉彎往有空間的地方生長。

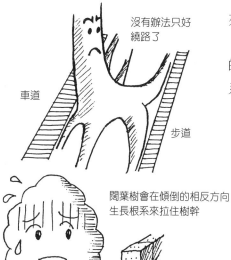

沒有辦法只好繞路了

車道

步道

闊葉樹會在傾倒的相反方向生長根系來拉住樹幹

支撐用的根受傷了，好困擾啊！

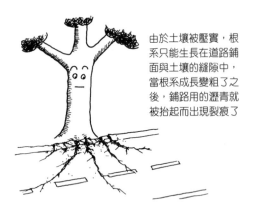

由於土壤被壓實，根系只能生長在道路鋪面與土壤的縫隙中，當根系成長變粗了之後，鋪路用的瀝青就被抬起而出現裂痕了

從道路鋪面的裂痕知道根系的生長方向

行道樹或是公園樹的旁邊多半就有人工鋪設的道路，常常可以看到這些鋪面上突起而出現裂痕。這是因為在鋪好路之後，根系生長在道路鋪面跟土壤的中間，接著進行肥大生長，由於空間不足，所以造成地表隆起而讓鋪面裂開。在鋪設道路時會先將道路的土壤壓實，所以根系沒辦法向下生長，只能在道路鋪面及土壤極小的縫隙間生長，隨著時間過去，根系變得粗壯，於是就把道路鋪面給抬起來了。

根在說什麼（3）

穿透岩石、破壞牆壁的樹根

花上多年時間打破岩石的根

有看過切開岩石生長的根嗎？看起來像是樹木的根把堅硬的岩石切開一樣，但其實不是一下子切開的。

在岩石的表面會因為風化而產生微小的裂痕或是凹陷，接著地衣類會在此著生，或是累積塵土。偶然會有樹木的種子被風或鳥搬運至此，然後發芽，在那細小的縫隙中長出根。樹木的根會分泌有機酸，慢慢地溶解岩石，並將岩石被酸溶出的礦物質吸收。這些微小的縫隙會因為風化作用而繼續擴大，根系也能生長到更深的地方，然後變得更粗，同時岩石受到根系肥大化的壓力，裂痕又更加擴張，如此下去，不管多大的岩石都能切開。

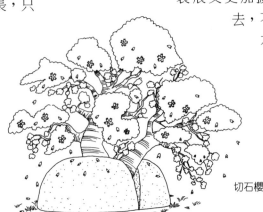

切石櫻

壓倒牆的樹木

樹木的根或樹幹碰到網子或柵欄等異物的時候，通常會直接包覆這個異物，但是對手太大沒有辦法包覆的時候，就會直接壓到上面。

圖中的磚牆就是有根系生長到圍牆下方，根系變得肥大後把牆舉起，造成圍牆損壞。如果在牆壁或建物旁邊種植會長很大的樹的話，常可以見到這樣的場景。

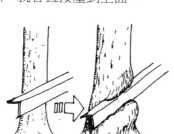

碰到異物的時候會選擇包覆

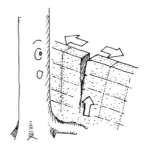

根系變粗而把牆舉起

有時候會把磚塊推掉

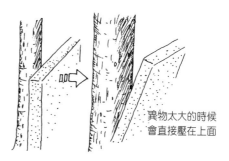

異物太大的時候會直接壓在上面

適合爬牆虎生長的牆壁……

爬牆虎會伸出像吸盤一樣的根，並且分泌出糊狀物質來黏住牆壁，然後從根系分泌出有機酸來溶解牆壁以吸收礦物質。也因此，砂漿牆會受到嚴重傷害。西方建築裡有很多用磚砌成的房屋，所以長一些爬牆虎也無傷大雅。不過，為了填補空隙而在表面加上防水劑處理的水泥牆，就算是爬牆虎也沒辦法附著，很快就會掉下來。

像吸盤一樣的根

厚磚牆的話就可以安心

土壤的環境與根的生長方式

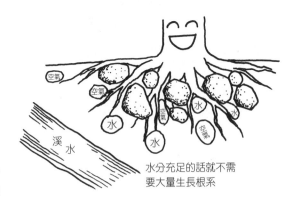

水分充足的話就不需
要大量生長根系

乾燥的土壤會促使根系發展

對樹木來說，比起水分充足的土壤，在略為乾燥的環境下，樹木為了尋求水分，會加速根系的生長，所以根系在乾燥的夏天生長速度最快。

在乾燥的稜線上，樹木有必要將根系發展至遠處來吸取水分。在谷地或濕地等處，水分相當充足，所以沒有必要把根系生長得又深又廣。在這種地方生長的樹木反而會為了呼吸，而只將根系生長在飽含空氣的最淺層土壤。在河邊生長的樹木，由於水流快速、水分中空氣充足，所以能直接在水中紮根。

種植在家裡的園藝木如果澆水過於頻繁，根系不需要費力就能獲取水分，並且因水分過多、深處的土壤空氣不足，會導致根系僅在淺層而狹小的範圍內發展。根系沒有發展良好的話，夏天乾燥的時候就會很容易枯死。

土壤太過堅硬，根系會浮出地表

根會浮出地表是因為土壤太硬的緣故。土壤幾經踩踏就會變得堅實，根系無法鑽過伸到深處，就只能往上浮起。此外，堅硬的土壤也無法滲透新鮮的空氣和水分，根系也因此只能在含有足夠空氣的淺層土壤生活。

公園等處為了掃除落葉，根系會更容易露出，也更容易受到踩踏而受傷。

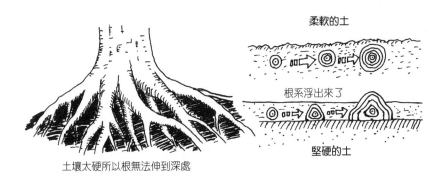

柔軟的土

根系浮出來了

堅硬的土

土壤太硬所以根無法伸到深處

根的型態及顏色

根系在排水不良的地方會呈現暗褐色至灰黑色

從樹根的顏色可以判斷根系的健康狀態

樹木的根不像葉子有氣孔。負責吸收水分跟養分的細根表面會維持濕潤，同時將溶在水中的空氣一起吸收來獲取氧氣。因此，土壤中若沒有細小的空隙的話，空氣就不容易溶於水中，如果排水不良的話，土壤中的水分也容易變成氧氣不足的死水。但是，當土壤過於乾燥的話，根系也沒有辦法獲取氧氣。

對根系來說，在排水良好，使得充滿空氣的水分能夠浸潤到土壤深處的環境下，最容易呼吸、也最容易生存。

試著挖掘土壤，如果較粗樹根的

樹皮呈現赤褐色或是較鮮艷的顏色的話，就代表空氣十分充足，是健康的根；排水不良的地方生長的根系就會呈現暗褐色或灰黑色。樹根要是因缺氧而死，樹根和樹皮就會分開，用手一捏就可以剝下來。

浮根

每天頻繁的澆水對樹木來說並不完全是好事。太過頻繁的澆水讓地表充滿水分，阻斷空氣的傳遞，當土壤中空氣不足時，樹根為了取得足夠空氣，就會往地表生長形成浮根，深層的根系則會因氧氣不足變成灰黑色，進而腐爛死亡。

過於頻繁的澆水會導致濕度過高，樹根會因此缺氧

氧氣不夠喔！

根系腐爛

種植空間不足造成的根系纏繞

　　常常可以發現根系自己纏在一起形成「盤根」。在根系持續生長中，有時會出現盤繞的根系發生包埋（譯註：樹木透過形成層進行肥大生長，將異物以自身組織包覆的行為），甚至有可能會造成病原菌的侵入。像這樣盤繞後死亡的根系也被稱作「絞殺根」。

　　自然狀態下也會發生根系生長方向不佳的情況，但更常見的是如行道樹般，根系只能生長在狹小環境之中，無法自由生長的樹。盤根現象發生時，能在根系還小（直徑1～2公分）的時候切除最好，要是切除更粗的根系，可能反而會對樹木造成傷害。

直接吸取空氣的氣根

　　在紅樹林生長的銀葉樹擁有像是

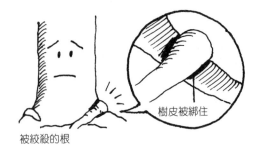

被絞殺的根

樹皮被綁住

波浪狀的板根，除了能支持樹幹之外，還能在濕地這種因水流停滯而幾乎不帶氧氣的環境中直接呼吸空氣。

　　落羽松生長在土壤濕潤的環境，所以發展出稱為膝根的氣根，凸出地表直接呼吸空氣。若是將落羽松種植於排水良好的土壤中的話，就不太會長出膝根。

　　有些紅樹林樹種的根像章魚腳，屬於能長出許多氣根的樹種。這種根系可以讓樹幹在漲潮時也不會被淹沒，退潮時也能扮演提供根系空氣的角色。

板根

銀葉樹

落羽松

紅樹林的樹種

像章魚的根

膝根

④ 年輪在說什麼

從年輪能判斷樹木的傾斜，卻不能判定方位

針葉樹的傾倒側、闊葉樹的傾倒相對側，年輪會變寬

樹木是體重非常重的生物，現存所知最重的樹是美國加州的世界爺，別名雪曼將軍樹（General Sherman）。這棵樹的重量光是地上部推測就有1385公噸。像樹木這麼巨大的生物，只要稍微傾斜就會造成很大的負擔。從樹型來看就可以知道樹木究竟花了多少心力在維持平衡上面。

樹木一旦傾斜，闊葉樹就會在傾倒的相對側增生、加粗根系，以求將傾倒的樹木拉住。為此在傾斜的相對側的木材中，就會由有較長纖維素的細胞構成。

針葉樹則是在傾倒側的年輪會變寬，為了從傾倒側支撐樹木，傾倒側的木材會含有較多的木質素。

所以只要觀察年輪，就可以知道在什麼時候樹朝向什麼方向傾倒。

原本平均生長的年輪如果從某處開始突然有一邊變寬，就代表這顆樹可能在這年或前一年傾倒了。這種年輪有偏斜的木材被稱為「反應材」（參考84頁）。

反應材是樹木生長時受到比較大力學作用的部分，會因為其內部應力而產生彎曲或龜裂，所以不適合當板材或角材（參考85～86頁）。

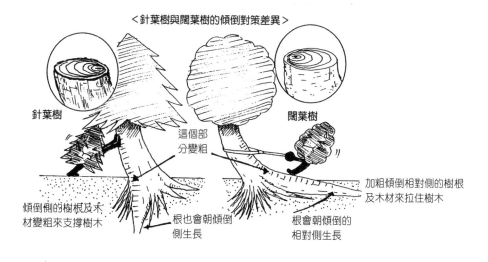

＜針葉樹與闊葉樹的傾倒對策差異＞

針葉樹

這個部分變粗

闊葉樹

傾倒側的樹根及木材變粗來支撐樹木

根也會朝傾倒側生長

根會朝傾倒的相對側生長

加粗傾倒相對側的樹根及木材來拉住樹木

年輪無法判定方位

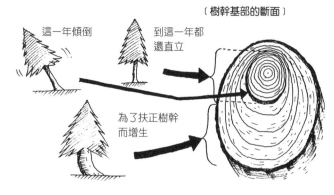

〔樹幹基部的斷面〕

這一年傾倒

到這一年都還直立

為了扶正樹幹而增生

「在山上迷路的話，把樹砍倒看年輪的方向。有照到太陽的方向會長得比較好，所以年輪較寬的會是南方。」這種說法常可以聽到，但其實是錯誤的。在平坦的地方直立生長的樹木，枝條向四面八方平均生長的話，年輪在東南西北上並不會有太大差異。

南側年輪會比較寬，是生長在南向坡的針葉樹以及北向坡的闊葉樹才會有。

生長在斜坡面上的樹，根部會稍微彎曲。因為還是小樹的時候會朝谷側傾斜，之後才被扶正。因此，北向坡的針葉樹北側年輪會較寬，南向則相對狹窄。

健行步道多半選擇日照較好的南向坡設置休息地，常常可以看到遺留在南向坡的柳杉、日本扁柏伐跡（譯註：樹林被伐採後留下的遺跡），可能就是因為這樣而產生誤解。

因此，「看年輪知道方位」是錯誤的。

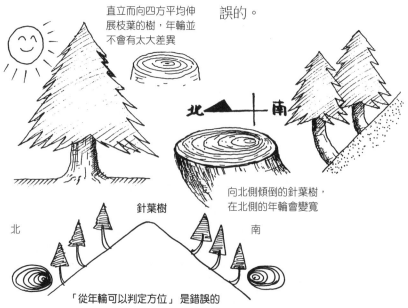

直立而向四方平均伸展枝葉的樹，年輪並不會有太大差異

北　南

向北側傾倒的針葉樹，在北側的年輪會變寬

北　　針葉樹　　南

「從年輪可以判定方位」是錯誤的

年輪在說什麼（2）

些微的環境差異，就會影響年輪寬度

在陽光的競爭上落敗的樹，年輪會比較窄

就算是同樣種類的樹，在嚴苛環境下長大的年輪寬度會比在舒適環境下長大的要窄。在有適度的肥料及充分日照的土地上，生長的樹木年輪會比較寬。在乾燥或是貧瘠的土壤的話，年輪就會變窄。

此外，就算是生長在同樣地方的樹木，也會在陽光的競爭上有著優劣之分，勝出的

我們同年喔！

透過年輪來推斷當年的氣象

樹跟落敗的樹，年輪會有相當大的差距。像是同樣 40 年生的人造柳杉林，裡頭就有直徑不到 10 公分的樹，也有直徑超過 30 公分的樹。

從年輪看出的氣象異變

樹木的年輪寬，會因為樹幹傾斜、風的吹拂、土壤條件的好壞等等而發生改變，但是每年的環境變化，例如乾濕度等氣象條件則是大致固定。但是就算年輪的寬度相同，早材與晚材也會因為春暖秋寒、春寒秋暖等差異而隨之變化。所以從土中挖出來的木塊，可以透過年輪上的變化來推測其存活的年代。

不過必須要注意的是，反應材的形成或是受到病蟲害、斷枝、幹折等等都會造成年輪變化，必須整體一起考量才能作出判斷。

將年輪變化相同的地方重合

法隆寺五重塔

2000 年　1000 年　500 年　西元 1 年　西元前…

金剛力士像

柱子

【早材（春材）】春天至初夏期間生長的木材，顏色較淺、略為粗糙。
【晚材（秋材）】夏天至秋天所生的木材，顏色較暗且較緻密。

不一定大樹就是古木

大樹的樹齡判斷十分困難

在一棵大樹前面常常會聽到有人問：「這棵樹多老了啊？」這是很難回答的問題。因為要知道樹木的年齡，不看年輪的話是無法知道的。也不能只是為了想知道樹齡就隨便把樹砍了，所以有叫做生長錐的道具，在樹上鑽孔取出外皮到樹心的木條來計算年齡。

不過古樹常常樹心都是空洞，沒有辦法計算年輪。如果是人造林的話，還能夠透過文獻來推算，但是天然的古樹的話，完全沒有辦法從樹種或是該地區的平均樹齡或生長量（譯註：樹木每年生長的木材體積與樹葉總量，稱為生長量）來判斷。

能夠長成大樹的話，至少不是在競爭中落敗的樹，而是勝出的一群，可以推測在幼年期的生長狀態一定不差。這些大樹跟周遭的平均年輪寬比的話，可能會有誤差。因為持續被壓制而殘存下來的樹木就算很細，也可能跟大樹同樣年齡。

此外，在野外看到的大樹也有可能是多棵樹木的合體。感覺很老的樹可能意外的年輕，很細的樹也可能歷經讓人吃驚的歲月。所以，用樹木的粗細來判斷樹齡是稍微缺乏可信度的方法。

取出樹心來計算年輪

生長錐

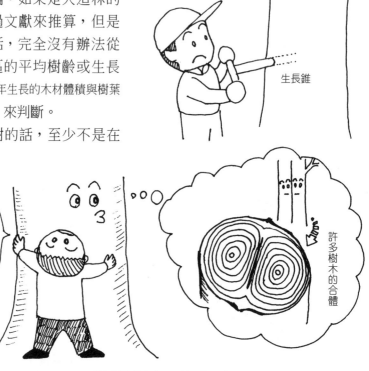

哇！好大的樹。

許多樹木的合體

「大樹就是古木」，那可不一定

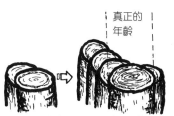

藤本植物會增生半月狀的年輪

有時候這邊會比較多

年齡不詳

藤本植物無法從年輪判斷年齡

如果嘗試去數藤本植物的年輪的話，會發現相當的密。但是，請別被這些年輪給騙了。因為藤本植物在增生圓形的年輪時，同時也會長出半月形的年輪。真正的年輪只有基部圓形的部分而已。長出這些半月狀的年輪後，樹藤會變得扁平，也能跟樹幹連結得更緊密。但有時候藤本植物也會放棄原本的部分，只生長這些半月狀的年輪，如此就無法推斷真正的年齡了。

早材（春材）與晚材（秋材）

只看一年份的年輪的話，可以分辨出顏色較淺、較為粗糙的部分，以及顏色較暗、較為細緻的部分。顏色較淺的部位在內側，是從春天開始到初夏生長的木材，被稱為早材或春材；外側顏色較深的部分，是夏天到秋天間生長的木材，被稱為晚材（秋材）。

從冬天開始到早春採伐的木材，最外層會是年輪較緻密的晚材，形成層也進入休眠，所以樹皮會變得比較硬。

在初夏到盛夏之間採伐的木材，會因為形成層活躍，處於正在生長木材及韌皮部的階段，細胞會偏軟，所以樹皮只要受到些許的衝擊就會剝落。

年輪

年輪界（跟下一年早材的界線）
晚材（秋材）夏天到秋天形成的部分
早材（春材）春天到初夏形成的部分

沒有年輪的竹子和椰子

一口氣撐高節間，之後的寬度和高度都不會再變的竹子

竹子和椰子在第一次的二次生長決定粗度之後，就不會再行肥大生長，也不會產生年輪。但是，這兩種植物的生長方式卻完全不同。

竹子會將體節的部分一口氣撐高。請想想竹筍的生長方式。竹子在每個節的上面一點點都有生長點，一口氣將所有生長點啟動生長後，高度就不會再改變。節的數量也在一開始竹筍形成時就決定了，而且也不會再增加。

但是，竹竿會在節上長出細細的 2 ～ 3 根枝條，並且每年更換這些小枝條的葉片。

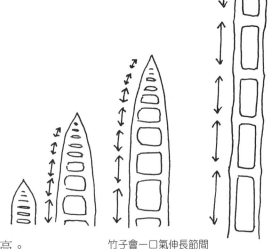

竹子會一口氣伸長節間

枝條，該年度的樹幹粗細就在當年決定。葉子一旦落下，這個節就不會再長出葉子，切掉先端的生長點的話，植株就會直接死亡。

每年只有頂部生長的椰子

椰子不會產生年輪，但是在頂部的生長點會像是一年一年往上疊一樣生長。每長出一片葉子就增加一節。不會長出

椰子的生長就像每年往上疊一樣

生長點

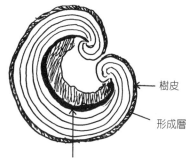

<樹木的防禦方式>

樹皮

形成層

形成強力的防禦壁
這個防禦壁是形成層在這個
位置的時候形成的

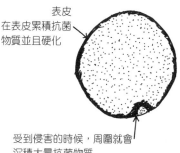

<椰子的防禦方式>

表皮

在表皮累積抗菌
物質並且硬化

受到侵害的時候，周圍就會
沉積大量抗菌物質

仔細看椰子的樹幹，可以發現有些地方略粗或略細。細的部分就是因為該年度較為乾燥、或是其他理由抑制了細胞生長。反過來說，較粗的部分就是在水分、養分充足，細胞可以充分成長的年份長出來的。

累積了不易腐朽的物質，避免腐朽菌入侵的竹子與椰子

竹子和椰子都沒有形成層，不像樹木的樹皮一樣有厚厚的木栓層保護，也不會形成年輪，樹幹整體都是以薄壁細胞為主，不會有心材化的現象發生。對病蟲害的防禦能力很強，如果受傷，周圍的薄壁細胞就會產生大量抗菌物質來強化傷口周圍組織，並將病原菌阻擋在外。

仔細觀察椰子的近親棕櫚科的其他植物的樹幹斷面的話，可以看到表皮的部分呈現黑褐色，並且十分堅硬，就是因為強力的抗菌物質在此沉積造成。

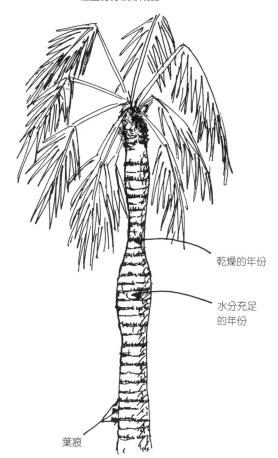

乾燥的年份

水分充足
的年份

葉痕

入侵樹林的竹子力量的秘密

有聽說過竹子穿過榻榻米地板長出來的事吧！竹子就算在完全無光的環境下也能生長，這是因為竹筍生長所需的能量會透過地下莖彼此分享。普通的樹展開枝條行光合作用獲得能量之後長大，沒有足夠的陽光的話就無法成長。但是竹筍沒有必要這樣，所以能夠入侵昏暗的樹林生長。

現在，在全日本各地疏於管理的真竹林跟孟宗竹林都在慢慢侵入、破壞附近的樹林。

要剷除竹林的話，要在竹筍保留能量最少的 6 月至 7 月之間，一口氣將竹子全部砍光。接著，竹子會

竹子四處入侵昏暗的樹林，造成造林地等處的困擾

以地下莖僅存的能量長出大概小指般粗的竹子，隔年 7 月再次全部砍除。這樣兩次作業，就可以讓竹林完全枯死消滅。

竹筍在無光環境下也能生長

竹子的移植法

要成功移植竹子的話，首先要盡可能的挖掘大塊的地下莖，然後在竹子的每一節上方挖個小洞，並且注入水分。

剛移植的竹子由於地下莖機能不足，沒辦法吸收足夠水分，若能透過竹筒中的水分來彌補，竹葉就不會乾死；竹葉沒有乾死，就能行足夠的光合作用，產生的糖分，提供給根系生長。

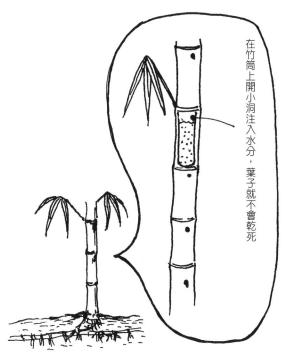

在竹筒上開小洞注入水分，葉子就不會乾死

竹子的移植

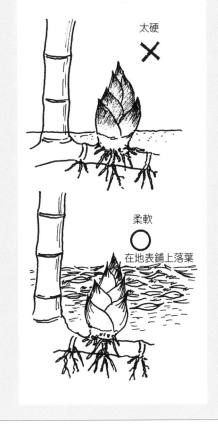

要生產好吃的竹筍的話……

竹筍在剛把表土推起的時候，是最柔軟好吃，因為它還小。

當已經成長凸出地表後，就已經變硬而沒辦法吃了。

要生產又大又柔軟的竹筍的話，要在竹林內堆滿落葉。落葉堆積之後，竹筍頭就不會凸出地表，所以可以長成又大又軟的竹筍。

太硬 ✕

柔軟 ◯

在地表鋪上落葉

5 受到環境或人為影響而改變的樹型

不斷地利用而維持的雜木林

透過「萌蘗更新」而形成的多主幹樹型

去到近郊的山上，常常可以看到多主幹的樹（好幾棵樹根連在一起的樹）。為什麼會這樣呢？

這是因為以前的人把雜木用來當作薪炭燒，二十幾年砍倒一次，根部附近所萌蘗的新芽長成新的樹幹，就變成現在這個樣子（參照 177 頁）。這也被稱作「萌蘗更新」。雜木林是會受到人類活動干涉的森林。如果從種子開始發芽，一次都沒被砍過的話，一定會是單株直立的樹木占多數吧。

多主幹的樹

樹木被砍伐後狀況衰退，沉睡的休眠芽開始發芽，為了修復傷口而增生的癒傷組織也會出現不定芽來尋求再生的途徑。

樹木除了種子以外，也能透過這種方式重返年輕，樹木的樹幹或根上都有很多為了預防意外發生的休眠芽存在。

〔萌蘗更新〕

雜木林的多主幹樹型是人為影響造成

能夠維持薪炭生產的雜木林和松樹林

位於日本武藏野的雜木林，是為了提供江戶地區每天所需的大量薪炭材而種植的人工林。

薪炭林從苗木栽植開始到全株伐採需要 20 ～ 25 年，然後培育其萌蘖長出的新樹幹，20 ～ 25 年後再次伐採。執行 3 ～ 4 次之後，植株變老而失去萌蘖能力之時，就將整棵連根挖起，利用該處的豐富腐植質來種田，幾年後土地變得貧乏，又再次種回薪炭林。此時的雜木林除了可以作為田地的防風林，也能作為堆肥的提供來源。

如果沒有人類進行薪炭伐採來促進萌蘖更新的話，就會像日本關東地區西部的低地，不會形成像落葉闊葉林那樣明亮的雜木林，而是充滿錐栗屬、青剛櫟屬、陰暗的常綠闊葉林。

為了取得薪炭或松木而種植的松樹林，會每年掃除落葉以及時常採伐，藉此達成日光直射條件，讓種子發育促進更新（譯註：種子需照射過陽光才有發芽能力，此處為必要條件）。松樹的種子沒辦法在暗處發芽，就算發芽了也會容易遭受潛藏在落葉堆積處土壤中的病菌侵害而死亡。

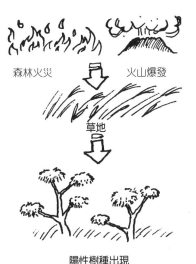

森林火災　火山爆發

草地

陽性樹種出現

陽性樹種下方出現陰性樹種

陰性樹種
（見 96 頁）

陰性樹種長大
常綠的陰暗森林中會出現像是青木等極陰性樹種

陰性樹種
（見 96 頁）

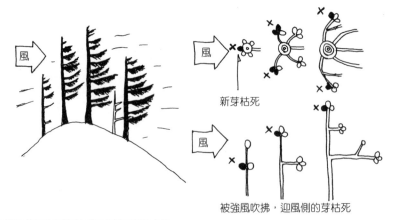

新芽枯死

被強風吹拂，迎風側的芽枯死

風力造成的樹型

強風造成了只有單側生長枝條的樹型

在稜線或是海岸附近生長的樹木，偶爾可以看到像旗子一樣只有半邊有枝條的樹。其中又以針葉樹的情況較為常見，強風造成迎風側的芽枯死，只有順風側的枝條能正常生長，所以造就了這種型態的樹型。在日本北海道的海岸附近生長的赤蝦夷松，就常常可以看到這種樹型。這種樹型雖然看起來並不安定，但是當地幾乎都吹著同方向的強風，

所以在力學上其實是處於相當安定的狀態。

海風造成的階梯狀樹型

只有強風的話，頂芽其實不容易枯萎，但是從海上吹來飽含鹽分的海風，就會造成頂芽枯萎。頂芽枯死的話，順風側的芽就會向上生長來取代成為新的主幹，但新的頂芽又會被海風影響而枯死，每年不斷這樣重複，也造就了海邊松樹林或北海道櫪樹林形成這種階梯狀的樹型。

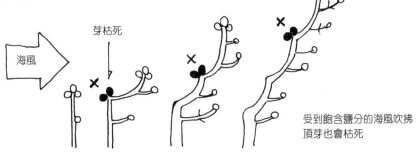

海風　芽枯死

受到飽含鹽分的海風吹拂，頂芽也會枯死

都是強風造成木材裂開

樹幹或大的枝條常常會看到縱向的裂痕。這些大多都是強風所造成的，樹木承受強大風力，木材縱向裂開、樹皮也跟著裂開，隨著年輪生長，樹皮破裂的部分就會看起來像打開著一樣。

根據風的方向跟位置，裂開的方式也有所不同。

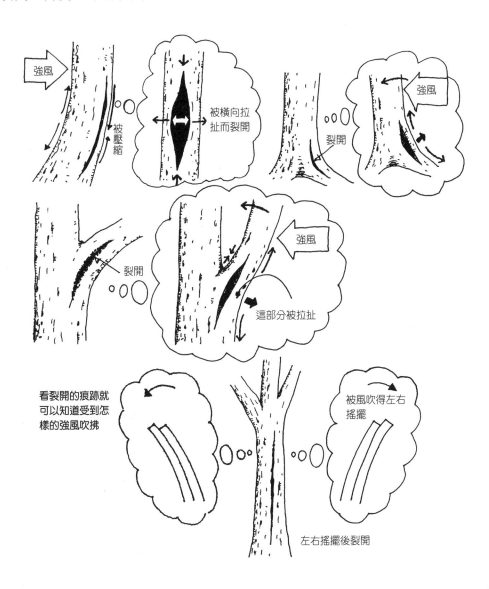

樹型因為土壤及溫度環境而發生改變

稜線上的柳杉會顯得粗短，山谷間的柳杉則會長得細長

在稜線上，雨水也會馬上往低處流去，風也比較強，土壤相對乾燥。

所以，在稜線上的柳杉為了得到足夠水分，必須將根系盡可能的擴張。此外，稜線上也常有強風，為了不被風吹倒，柳杉會順著風的方向伸展根系，從樹幹的斷面來看，也可看到枝葉形成的橢圓形長軸方向，並且跟風的方向一致。所幸稜線上陽光十分充足，下部的枝條不會枯死，可以透過大量的樹葉來提供根及樹幹足夠的營養。

生長在谷地的柳杉有充足的水分，所需的養分也都能從斜面上流下來的水中取得，所以水分和養分都不虞匱乏。而且谷地的風勢較弱，樹也能長得更高，但是下部枝條則會隨之減少。跟樹高相比，根系又短又淺，不太會擴張出去。因為谷地的柳杉只需要長出最低限的根系就可以了。因此，稜線上的柳杉會顯得粗短，谷地的柳杉則會顯得細長。

不過，有些地方稜線上的土壤常保濕潤，谷地反而乾燥。離海較近、又常起霧的地方就會這樣。海邊吹來的潮濕空氣撞到山而形成上升氣流，隨之形成雲霧。雲霧中的小水滴被稜線上的樹葉攔截，接著落到根部附近。海風在通過稜線上的樹林後，水分都被攔截，於是吹到谷地的變成沒有水分而乾燥的風。這種情況下，稜線上的樹也不會擴張根系，樹高也變得較高。

稜線的柳杉

水分、養分…少
風…強
光…多

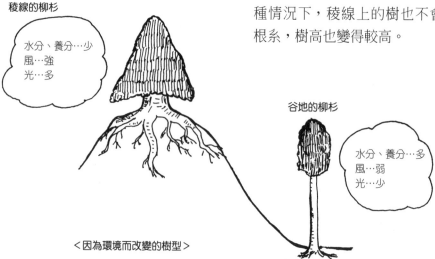

谷地的柳杉

水分、養分…多
風…弱
光…少

〈因為環境而改變的樹型〉

把桉樹帶去北海道的話，就會變成草

桉樹是可以生長得很巨大的闊葉樹種，如果挑選其中較為耐寒的種類，並且帶到日本東北地方的北部或是北海道種植的話，冬天被雪埋著的部分雖然會存活，但是積雪上頭吹著寒風的部分就會枯死。春天雪融之後，殘存的桉樹會從根部萌蘖，並且快速生長；到夏天結束為止可以長到3公尺左右；但是一到冬天，露出積雪外面的部分又會再次枯死。在樹木身上，一年生的枝條基本上跟不會產生年輪的草是相同構造，不過桉樹在這邊就會變成有固定根系的草，至於被雪埋住的部分則可以看到漂亮的年輪。

木芙蓉同樣也是木本植物，但是帶到寒冷的地方也一樣會變成草。

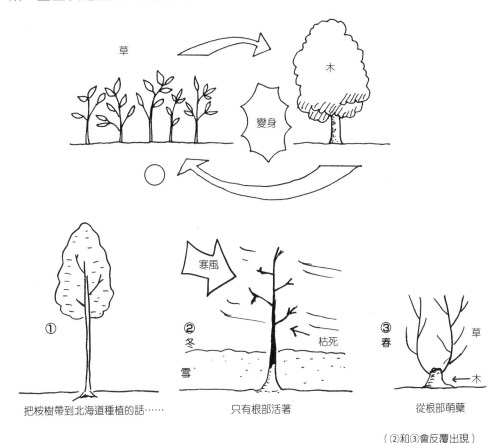

草　變身　木

① 把桉樹帶到北海道種植的話……

② 冬　雪　寒風　枯死　只有根部活著

③ 春　草　木　從根部萌蘖

（②和③會反覆出現）

孤立木與密生樹林

為了陽光而分居的森林木

森林從外部看起來就像是一個巨大的樹冠（又被稱為林冠），但是從森林裡面往上看的話，會發現彼此間的樹冠沒有重疊，彼此是分居的。

這是因為枝條碰到其他植物的時候，葉子就會分泌一種叫做乙烯的植物賀爾蒙來抑制自己的生長。會有這樣的機制，跟光的量有很大的關係。枝條如果重疊了，其中一邊被遮蔭，無法得到充足陽光的話就會枯死。樹木們就在森林間這樣

森林的樹比較幸福？ 其實是競爭社會

慢慢劃出各自的地盤。但是，根系就會很複雜的重合在一起。

森林的樹較細長而短命

感覺起來森林中的樹比在都會中的樹要來得幸福，但其實森林中一直進行著激烈的生存競爭。在森林裡面，長得快、長得高的樹就可以得到更多的陽光，所以森林的樹會如此細長就是因為這個原因。除了樹幹上部以外都沒有枝條，而且也無法行足夠的光合作用。因此，**森林的樹一般在 250～300 年之間就會汰舊換新。**

樹冠彼此不重疊並劃好地盤

必須分享著陽光！

在多雨的日本，根系沒有明顯區分，彼此盤根錯節

平原中，孤立木較粗短但長命

在廣闊的平原中生長的樹，位置較低，因此可以向四面八方伸展枝葉，樹幹也會變得相對粗短。

在有寬闊空間的公園或神社等處，由於可以多方接受陽光，產出的能量也相對多，所以可以活到將近1000年。

莽原上，採取分區使用土壤水分的孤立木

在非洲莽原般的乾燥地區上，生長的金合歡林彼此間距離很遠，看起來就像很多棵孤立木，但其實根系像要碰在一起一樣廣泛分布。不過，根系間會分泌物質抑制彼此生長，所以並不會重疊，分享著僅有的水分。

孤立木：獨享陽光

乾燥地區的限制條件並不是陽光，而是水量來決定樹木的密度。彼此間隔距離遠，光照十分充足，但根系其實緊密的劃分出彼此的區塊。

在這種地方就算有其他樹木侵入，也幾乎沒有辦法生長。

因為水分很少，所以大家分著用！

乾燥地區以根來劃分勢力範圍

喜歡生長在崩塌地的樹

在樹木之中，有著喜歡生長在其他植物無法進入的嚴苛環境的樹。舉例來說，容易發生土石流或雪崩、地質鬆動的地方，就是遼東檔木跟白樺會選擇的地方。因為他們比其他樹競爭力較弱，只能選擇沒有其他競爭對手，可以得到充分陽光的地方。

但是這種地方很容易再次發生崩塌，所以沒有辦法長居此處。能在這種地方生長的樹多半萌蘗能力很強，但是壽命卻不長。在偶然的情況下長在良好環境中的岳樺，也是可以長成巨木。

崩塌地雖然土壤條件差，但是陽光十分充足，沒有競爭對手

並非原本樹型的人工樹型

過度修剪枝條造成樹的狀況衰退

庭園木或是圍籬這些每年都會修剪數次的樹木，在受到較強的抑制力的情況下，會變成在枝條先端有小枝集中生長的情況。雖然這種形狀的庭園木比較受到歡迎，但是對樹來說絕對不是好事。

樹木本身希望能夠繼續伸展枝條，時常長出徒長枝並且長出許多葉子。但是在庭園裡出現徒長枝的話，就會變成「破壞造型」，馬上就會被修剪掉。

此外**就算是被認為耐剪的樹種，在多次強剪之下，樹的狀況還是會衰退，枝條容易枯萎、也容易受到木材腐朽菌感染，造成樹型受損或壽命縮短。**

每年修剪徒長枝

修剪過頭，造成樹型被破壞的情況很常見

【徒長枝】在修枝的切口附近長出的新芽，多半指直立而特別長的枝條。通常不會有花，而且會破壞被修剪好的樹型，所以常常不受喜歡。

行道樹的坎坷命運

行道樹其實類似林緣木，大多數的行道樹會向道路側傾斜。因為步道側會受到建築物壓迫，就像是在森林邊緣生長的樹一樣，會朝向光照充足的空曠處生長枝條，行道樹也會向空曠的車道側長出枝條，進而傾斜。

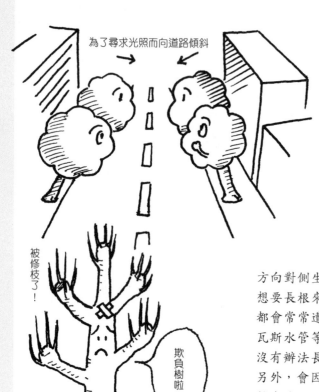

為了尋求光照而向道路傾斜

被修枝了！

欺負樹啦！

種植的坑太小

但是，林緣木可以為了支撐傾斜的樹幹而廣布根系，行道樹卻因為被種植在規劃好的大小中，甚至連吸取水分用的根都無法完整生長，根系的量以及廣度都不足。

本來要在傾倒方向對側生長根系的闊葉樹想要長根來支持身體，但是都會常常遭遇到道路修補、瓦斯水管等施工而被切除，沒有辦法長成完整的根系。另外，會因為「颱風要來了很危險」、「要趕在枝條掉下來之前修剪」等原因，每年受到 1～2 次的高強度修枝，這些都會讓行道樹的狀況減弱。由此可見，行道樹的命運其實十分坎坷。

樹木的培育方式

——你正確了解嗎?

你是否有這些誤解呢?

→樹木只從土壤中吸收營養

→可以聽得到樹木吸水的聲音

→樹種得越深越好

→種樹最好常常澆水

→螞蟻會讓木頭腐爛

→把蕈類拔掉以後,樹木腐朽就會停止

其實,這些全都是誤解

不是這樣嗎?

營養不是從土裡
吸收的

❶ 觀察樹木的斷面

　　木樹的葉子利用太陽光的能量來產生糖分。糖分會透過枝條、樹幹的韌皮部薄壁細胞來運送到根部。韌皮部薄壁細胞是活著的細胞，所以跟導管、假導管不同，因為薄壁細胞內部不是空心，而是含有細胞質。這些薄壁細胞究竟是怎麼運送糖分及其他物質的，至今仍然不清楚。至於，水分則是從根部透過木材中的導管（像是闊葉樹、竹子、椰子等）、假導管（像是針葉樹、蘇鐵、銀杏等）來運輸到葉子。

　　韌皮部的內側有形成層，形成層細胞向內部分化成木材，向外則形成新的韌皮部。

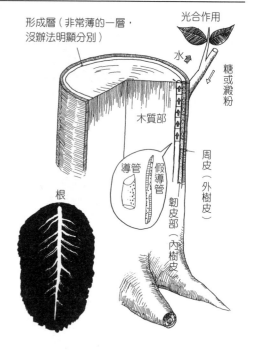

觀察樹木的斷面（1）

心材、邊材和樹皮

　　仔細觀察樹木，可以看到樹幹跟枝條上有著紋路或皺紋，為什麼會有這樣的紋路呢？都是有原因的。

　　樹木會將過去所經歷過的，全部刻印在自己身上，用身體來呈現過去。透過觀察樹皮，可以推測過去發生過什麼事情。

樹皮下的形成層製作出年輪

　　把樹幹橫著切開，可以看到斷面分成中心較暗的部位以及外圍較亮的部位。中心的部位被稱為心材，周邊的部位被稱為邊材。邊材是根部吸收水分之後運送到枝葉用的通道，這通道被稱作假導管（針葉樹）和導管（闊葉樹）。導管和假導管都是死細胞，邊材則是由同樣死掉的纖維細胞（闊葉樹）以及活著的薄壁細胞組成。

囤積難以腐朽的物質後心材化

邊材中較老的薄壁細胞會慢慢死亡而心材化，此時細胞會累積萜類、酚類及多酚類等抗菌物質，顏色也隨之變深。

心材與邊材的邊界在某些樹上很明顯，但也有難以區分的樹。不管什麼樹都有邊材變成心材的漸進帶，但變化的時間則有長有短。欅木的變化時間較短，只需要 1～2 年，就可以看到明顯的邊界。

櫻花樹的變化時間較長，心材與邊材的界線就略顯模糊。楊、柳等植物的變化時間更長，加上木質素和單寧的含量本來就低，更難辨別是否已經心材化。

出現心材的年齡因樹種而異

根據不同樹種，從邊材變成心材所費的時間各自不同。

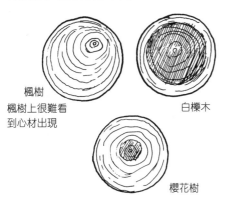

楓樹
楓樹上很難看到心材出現

白欅木

櫻花樹

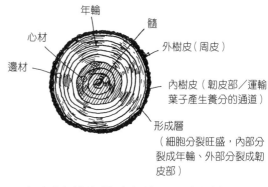

年輪
髓
心材
外樹皮（周皮）
邊材
內樹皮（韌皮部／運輸葉子產生養分的通道）
形成層
（細胞分裂旺盛，內部分裂成年輪、外部分裂成韌皮部）

楓類邊材的薄壁細胞可以存活很長時間。尤其是北美的糖楓，過了100 年仍然沒有心材化。楊樹大約20 年、櫻花樹則要 5 年，白欅木的話只要 2～3 年的時間就會從邊材變成心材。白欅木或是欅木在將邊材變成心材的過程中，髓射線呈放射狀的薄壁細胞的內含物質會填充至導管中，導管就會因此阻塞。這些物質被稱為填充體，有填充體的導管就不再能讓水分通過，也因此白欅木常被拿來作成威士忌的酒桶，欅木則被拿來作成碗來使用。

在邊材能夠長時間存活並且擁有輸水能力的樹種身上，也只有最近幾年生的年輪占了大部分的功能，甚至都是近一年生的邊材在活動。

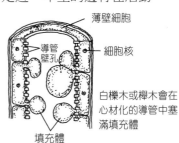

薄壁細胞
導管壁孔
細胞核
白欅木或欅木會在心材化的導管中塞滿填充體
填充體

沒照到太陽卻也被「曬傷」

樹皮薄而容易「曬傷」的樹木

樹皮的形成層受傷，對樹木來說是很嚴重的問題。

樹皮較薄、木栓層很容易脫落的夏山茶、紫薇等，就算沒什麼照到陽光，也會因為遮蔽的樹或建物消失，而被西曬等強烈日照造成「曬傷」的狀態。

樹木如果健康，就會產生厚度足夠抵抗陽光的樹皮和木栓層，所以稍微剝落也沒有問題。但是狀況衰弱的話，沒辦法加厚木栓層，又或是水分通過年輪上升的速度過慢，形成層受到連續日照溫度升高而死亡。這種情況就會造成溝腐。不過常在樹皮上看到的「曬傷」現象有很多原因，像是移植時根被切斷造成的溝腐或胴枯就會在沒有曬到太陽的部分出現。

楓樹是怎樣的樹？

楓樹的木栓層很薄，所以就算是很粗的樹幹也能行光合作用，像是瓜皮楓就有能行光合作用的皮層組織與木栓層彼此條紋狀排列。

加拿大國旗上的糖楓，就是從樹皮上採集樹液製成楓糖。日本的色木械也可以採集到樹液，因此為了吸取甜美樹液或是啃食甜美樹皮而來的星天牛等害蟲，就會在色木械身上留下比其他樹種更多的傷口。

楓類為了防止害蟲，會在受傷的時候馬上形成強力的防禦層。

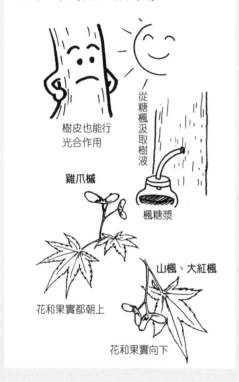

樹皮也能行光合作用

從糖楓汲取樹液

楓糖漿

雞爪械

花和果實都朝上

山楓、大紅楓

花和果實向下

定芽與不定芽

樹幹中心長出的枝條（定芽）

樹木一般會在樹幹或枝條的頂端長出頂芽，在葉腋長出腋芽，然後在春天時生長。在莖頂跟葉腋都是正常會長出芽的位置，所以在這些地方長出的芽都被稱為「定芽」。

定芽在莖長出來的時候就已經存在，所以從斷面上會看到定芽跟髓連接在一起。

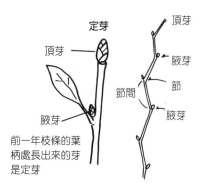

定芽

頂芽

頂芽

腋芽

節間　　　節

腋芽　　　腋芽

前一年枝條的葉柄處長出來的芽是定芽

沒有發芽的定芽會變成休眠芽

當頂芽或枝條上方的強勢腋芽開始生長後，枝條下部比較小的腋芽常常就會變成「休眠芽」。此外，就算發芽了也只能長成又細又弱的枝條，被上方的枝葉蓋住而無法得到足夠陽光，弱小枝條不久後死去留下的痕跡也有可能會產生休眠芽，所以休眠芽也被稱為「潛伏芽」。

休眠芽在新的年輪形成後會被增生的年輪包覆，但是甦醒時會直接從樹皮相對位置長出，並且留下白色的線一樣的痕跡，被稱為芽痕。有時樹皮包覆芽的痕跡，會在樹皮表面上呈現橫紋（參照 27 頁）。如果是當初頂芽生長時就休眠的腋芽的話，在樹皮上留下來的痕跡可能會有樹圍的三分之一長。如果是後來出現的不定芽的話，就會比較短。

所謂的休眠芽，是當先端枝條被切除，並且樹冠的枝條變得衰弱、整體葉子變少的時候才會甦醒發芽。這種枝條被稱為幹生枝。

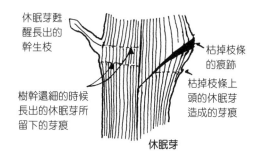

休眠芽甦醒長出的幹生枝

枯掉枝條的痕跡

枯掉枝條上頭的休眠芽造成的芽痕

樹幹還細的時候長出的休眠芽所留下的芽痕

休眠芽

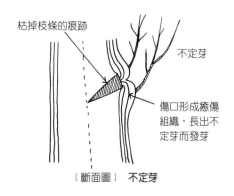

枯掉枝條的痕跡

不定芽

傷口形成癒傷組織，長出不定芽而發芽

〔斷面圖〕　不定芽

在沒有芽的地方生長的不定芽

在樹幹或大枝條上生長的芽還有一種型態。當樹木被蟲咬傷、枝條枯萎受傷時，傷口周圍的形成層會加速分裂形成癒傷組織。這些細胞尚未決定要分化成哪種細胞，在隔年有可能變成修復傷口的樹皮，也可能變成新的芽。如果在傷口處有透翅天蛾等會打洞的蟲入侵，牠們排出的蟲糞或是腐朽的木材也有可能誘發癒傷組織分化成根。在這種地方長出的芽被稱為不定芽，長出的根被稱為不定根。不過，也常看到癒傷組織生成的不定芽並沒有馬上發芽，而是變成休眠芽。

休眠芽和不定芽都很容易在高強度的修枝後快速長成徒長枝。兩者都與初期長出的腋芽構造不同，並沒有深入樹木的髓，所以很容易折斷。

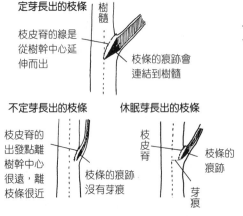

＜定芽、休眠芽、不定芽的斷面圖＞

定芽長出的枝條 樹髓

枝皮脊的線是從樹幹中心延伸而出

枝條的痕跡會連結到樹髓

不定芽長出的枝條

枝皮脊的出發點離樹幹中心很遠，離枝條很近

枝條的痕跡沒有芽痕

休眠芽長出的枝條

枝皮脊

枝條的痕跡

芽痕

環狀剝皮

透過環狀剝皮來讓樹枯死

韌皮部是將葉子生產的糖分運輸到根部的通道，在樹幹的樹皮上切下包含形成層、寬 15 公分的樹皮的話，葉子生產的養分無法送到根系，也無法再生新樹皮，約半年後樹就

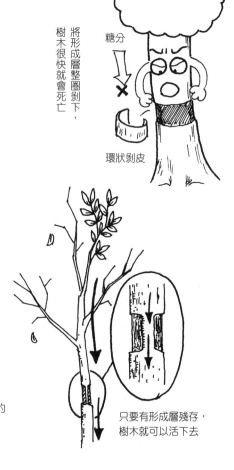

將形成層整圈剝下，樹木很快就會死亡

糖分

環狀剝皮

只要有形成層殘存，樹木就可以活下去

會枯死。這種把樹皮跟形成層去除的作業方式稱為環狀剝皮。

但是只要剝皮時有殘存的形成層，就有可能長出新的樹皮，樹木也會因此殘存下來。就算完全把形成層剝除，邊材的薄壁細胞也可能因為沒有樹皮而受到刺激，再次行細胞分裂重新分化成形成層，進而長出新的樹皮。這種現象常可以在銀杏樹或櫻花樹上看到。

扦插取枝

把小的枝條環狀剝皮，並用飽含水分的水苔及塑膠袋包覆其上，傷口上部會長出癒傷組織，並且分化成不定根發根。等根系長好後，就可以把枝條剪斷，作為扦插苗使用。這時候如果沒有把形成層完全除去，樹皮就會再連起來，就不會長根了。

觀察樹木的斷面（4）
木材的癒合

包覆石頭或水管的樹

樹木接觸到堅硬的物體的話，在接觸表面的形成層會急遽分裂而膨大，企圖包覆異物。增生部分的年輪跟異物呈 90 度垂直，完全包覆的話就會從兩側延長，將木材癒合。

樹木的枝條被切下或是樹幹受傷

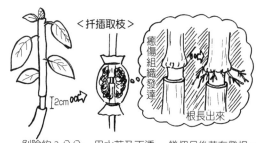

〈扦插取枝〉

剝除約 2 公分寬的形成層

用水苔及不透光塑膠袋包覆

幾個月後若有發根，就可以切下來扦插

時，為了防止病蟲害入侵，會嘗試把傷口包覆起來。樹幹的表面平常承受很大的力學作用，要是有木材腐朽菌或胴枯病菌從傷口入侵的話，樹幹很容易會折斷。為此，傷口附近的形成層會加速分裂，在尚未包覆傷口前，形成層的前端對傷口的面會呈現直角，從兩側要包覆時則會改變角度，變成一直線。

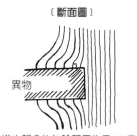

〔斷面圖〕

異物

增生部分的年輪跟異物呈 90 度垂直

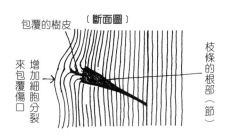

〔斷面圖〕

生長應力與乾燥收縮

　　木材存活的時候會飽含水分。其中薄壁細胞會吸取並儲藏水分，所以細胞基本上都處於飽含水分的狀態，因此在年輪切線方向細胞間會互相壓縮，避免木材裂開。在樹木行肥大生長的過程中，形成層會對樹幹施加壓力，這時的狀態就會產生內部應力。這被稱作生長應力。

　　一旦樹木被製成木材並且乾燥，細胞就會因失水而收縮，就會沿著木質線組織的方向龜裂。木質線組織是負責連結樹幹表面與中心的組織，並有協助固定年輪、防止龜裂的功能，同時也是從韌皮部橫向輸送物質至木材的通道。

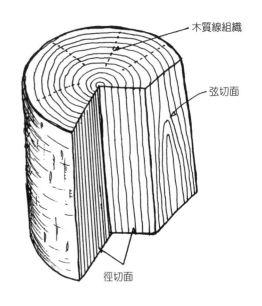

木質線組織

弦切面

徑切面

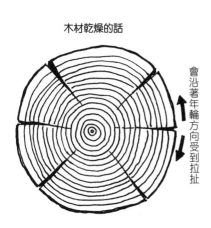

木材乾燥的話

會沿著年輪方向受到拉扯

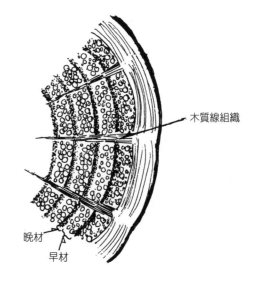

木質線組織

晚材

早材

切下後容易扭曲的反應材

針葉樹的壓縮反應材會伸長

「反應材」是樹幹或大的枝條傾斜時，樹木為了修正方向而在彎曲的部分產生的木材。對存活的樹木來說是不可或缺的部分，扮演著重要的角色。

在傾斜地常常可以看到靠山側的樹冠，因為被更高處的樹覆蓋而枝條枯死，於是靠下坡側的枝條相對變多。柳杉或日本扁柏等針葉樹樹幹會筆直向上生長，但是樹冠的重心會偏向下坡側。因此，整棵樹的重心會傾向下坡側，為了支撐樹體，靠下坡側的反應材就會特別發達。

在容易下雪的傾斜地區，小苗會被雪壓倒，為了回復軸心，柳杉根部附近的樹幹就會產生大量反應材。

針葉樹的反應材一直承受許多壓力，所以被稱為壓縮反應材。壓縮反應材的木質素含量較多，用以支撐整個樹體的重量。壓縮反應材因為每個細胞都向著軸的方向生長，所以當被切下來以後失去壓縮的力量，木材就會沿著軸的方向變長。

闊葉樹的引張反應材會縮短

闊葉樹的反應材會在傾倒方向的對側出現，因為長時間受到拉力，所以被稱為引張反應材。

傾斜地上的闊葉樹林為了把向下坡傾倒的樹拉回垂直，會在上坡側增生木材的引張應力，並且在上坡處紮下強壯的根系。闊葉樹引張反應材的纖維素又粗又長，用來將傾倒的樹拉回來。引張反應材的細胞都向著軸的方向縮短，所以當被切下來失去張力的話，木材就會縮短。

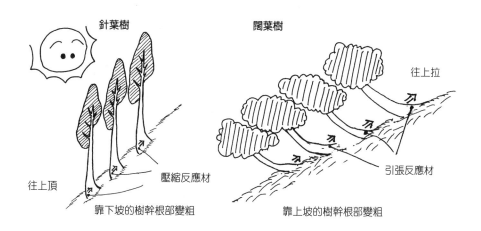

針葉樹　往上頂　壓縮反應材　靠下坡的樹幹根部變粗

闊葉樹　往上拉　引張反應材　靠上坡的樹幹根部變粗

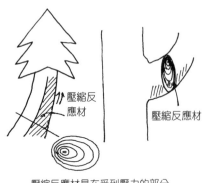

針葉樹

壓縮反應材

壓縮反應材是在受到壓力的部分
使得年輪變得較寬

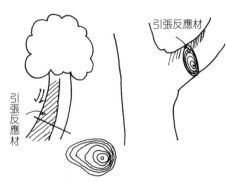

闊葉樹

引張反應材

引張反應材

引張反應材是在受力的相對側，
使得年輪會較寬

　反應材並不是只在樹幹或大的枝條傾倒時出現，用以支撐樹幹或枝條的部分也會形成。如果樹幹被扭曲的話，在側面的木材也會受應力。

　反應材作為木材使用時容易扭曲，所以不受喜愛。把反應材乾燥的時候，也容易變形或裂開。

切割壓縮反應材的話

壓縮反應材

會伸長

針葉樹

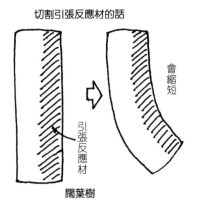

切割引張反應材的話

引張反應材

會縮短

闊葉樹

【譯註】木材就像被壓縮的海綿或是被拉長的彈簧，一鬆手就會彈回原狀，所以當樹幹、樹枝等持續受到應力壓縮的木材都會產生同樣的情形。

2 養分、水分的吸收與光合作用產物的傳送

養分、水分的吸收與光合作用產物的傳送（1）

吸取水分的機制與蒸散機能

現在所知最高的樹是位在美國加州蒙哥馬利州立保護區，被命名為門多西諾（Mendocino）的樹，樹種是長葉世界爺（*Sequoia sempervirens*），在 1998 年 9 月測到的樹高是 112 公尺。那麼，樹木究竟要怎麼樣把水分送到這麼高的地方呢？

水是靠什麼作用力往上升的？

1. 水分子的內聚力

水分子間有非常強的內聚力。在細小的管子中注滿水的話，要吸取這個水柱的水需要很強的力量。如果樹受傷了，從根開始連結到葉子的又長又細的管子就會有空氣跑進去。只要有一點點空氣進入的話，把水分往上吸的力量就會斷掉。

虹吸現象就是利用水分子的內聚力。只要用細小的水管吸水，之後就會自動流出。但是，在水管中有空氣的話，水就不會動。

樹高112公尺的樹，是怎麼把水分吸上來呢？

【譯註】世界最高的樹木在 2006 年更新為美國加州紅木國家公園的亥伯龍樹，樹高 115.61 公尺。

插花的時候也會在剪下花之前，把莖泡在水中才切，利用這種稱為「水切法」的方式來確保導管組織內沒有空氣進入。

2. 葉子與大氣間的水蒸氣壓差

晴天時氣溫升高且濕度低的日子，葉子跟大氣間的水蒸氣壓差也會變大，大氣會不斷的從水蒸氣壓高的葉子上搶走水分。大氣的濕度越低、越乾燥的話，葉子對水的吸引力也會越強。在晴天時把裝了水的盤子放在室外，過沒多久水就不見了。這就是水分蒸散到大氣中了。

一般認為在高大的樹木身上用來吸取水分的力，就是結合蒸氣壓差的拉力以及水分子間的內聚力，這個力也被用在根部吸取水分的時候。根部在吸取水分的時候，也需要利用水分子的內聚力以及大氣與葉子間的水蒸氣壓差。

虹吸現象的原理

用細細的管子只要一開始吸一點水，之後水就會因為內聚力而流出

插花的「水切法」，也就是在水中修剪花材，可以避免空氣進入導管中

導管受傷而讓空氣進入時，就會讓水分子的內聚力中斷

這力量到底可以把水分拉到多高的地方呢？根據條件不同而有差異，但是理論上可以拉升到 400 ～ 2000 公尺。

3. 滲透壓與毛細現象

土壤中的水分會溶有各種礦物質及氮元素，但是土壤溶液中的滲透壓相當低，比一般的根部細胞的滲透壓要低上許多。細胞就是透過內外糖分、鹽分的濃度差異來調節滲透壓，藉以調整水分吸收。

但是只靠滲透壓的話，沒辦法吸取土壤中的礦物質和氮元素，也沒辦法吸收足夠的水分。

根部吸收的水分透過木質部上升所使用的力還有一個，叫做毛細現象。在棉花上灑水，很快濕掉的部分就會擴散。這就被稱為毛細現象。

滲透壓加上毛細現象雖然也能幫助水分上升，但是其作用力很弱，只能把水往上吸幾公尺而已。

樹木利用葉子蒸散水分的目的

從根部吸取的水分，幾乎都是從葉子釋放回空氣中。光合作用所使用到的水分只占總量不到 1%，剩下的水分幾乎都從葉子的氣孔釋放回大氣中。植物蒸散這麼多水分的原因，是當水分在葉面蒸散時會因為

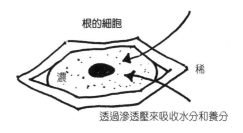

透過滲透壓來吸收水分和養分

聽診器也聽不到的水聲

聽到的不是樹木吸水的聲音

　　有一陣子傳說在早春時，可以用聽診器聽到樹木吸水的聲音。在寒冷的地方，白樺等樹種為了防止薄壁細胞因為嚴寒結凍而死亡，會減少薄壁細胞內的水分來提升糖的濃度（參照105頁）。等到春天到來，薄壁細胞外面的冰融解後，在葉子還沒開展之前會透過根系吸取水分來補充薄壁細胞的水分。但這個過程並沒有到會發出聲音的程度。

　　對一般日本的公園樹來說，水分吸取最快的是在夏天放晴時的早上，並且是枝葉茂密的樹，但是在怎麼快，也頂多一小時內上升數10公分左右就是極限了（日本冷杉可以一小時上升116公分，熱帶地區也有偵測到數公尺的紀錄）。如果土壤條件較差、天上有雲系，或是樹的狀況稍差，就只能上升數公

分，而且這些水分是在直徑小於0.1毫米的管子內移動，用聽診器是聽不到聲音的。

　　聽到的聲音大概是樹木被風吹動，枝條彎曲或是樹幹搖動的聲音，或是以樹幹為天線所聽到的遠處的聲音。

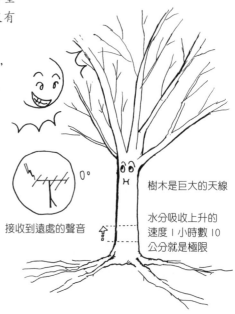

接收到遠處的聲音

樹木是巨大的天線

水分吸收上升的速度1小時數10公分就是極限

水分吸收汽化熱而使葉面溫度降低。在炎熱的夏天中，如果你覺得在樹蔭底下很涼快，這也是部分原因之一。有些人會覺得樹長太好造成不通風，於是把枝葉剪掉；但是，把用來散熱的葉子剪掉，反而有可能讓樹木中暑。

此外，光合作用或其他生理作用雖然需要大量的氮元素和礦物質等肥料成分，但是土壤中這些養分的含量都很低，為了吸取足夠的養分，樹木也必須吸收足夠量的水分來達成。水分從葉子蒸散的同時，會融解在水分中的肥料不會蒸發，並且設法讓肥料繼續留在樹木體內，這樣才能得到足夠的肥料以進行生理作用。

蒸散量與保水量都很大的森林

森林常被說具有涵養水分的功能，雖然有所謂水分涵養林的制度（譯註：台灣是類似水土保持林），但其實在有樹跟沒有樹的兩種情況下，要說哪一種會有比較多水分流到河川的話，其實是沒有樹的情況會比較多。因為有樹木的話，土壤中會布滿根系，吸收水分並且蒸散，土壤其實相對乾燥。此外，降下來的雨也會被樹葉截流而到不了地面。只看河川的水流量的話，沒有森林的河川水的總量會比較多。

但是沒有樹木的話，地表的土就會被水沖刷一起流到河中，而且在降雨之後馬上流進河裡。樹木並不是增加水量，而是維持水的品質，避免雨水直接流到河中。另外，森林的水源涵養機能跟土壤腐植質的豐富度也有很大的關係。

樹蔭底下比較涼，一部分是因為葉子蒸散水氣時吸收汽化熱導致

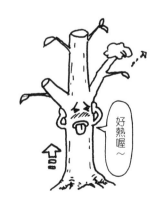

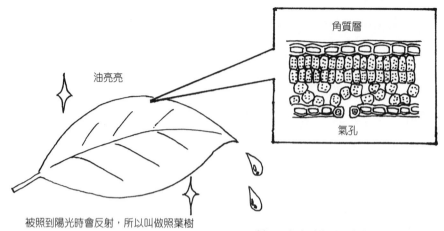

油亮亮

角質層

氣孔

被照到陽光時會反射，所以叫做照葉樹

為什麼常綠闊葉樹的葉子會油亮亮的？

茶科、青剛櫟屬、錐栗屬等常綠闊葉樹又被稱為照葉樹，這是因為它們的葉子被陽光照到之後會閃閃發亮。葉子的表面上有角質層這種像臘一樣物質覆蓋在葉子表面。這層物質可以防止水從葉子表面蒸散，也能夠扮演防止汙染物質流入或防止病蟲害侵入的角色。

生長在乾燥環境的植物上，常可見到發達的角質層。日本的雨比較多，所以角質層相對沒有那麼發達，但是被雨淋濕、一直泡在水中的話，植物體內的鉀等養分會很容易流失，而角質層也能發揮防止養分流失的功能。

葉子會想辦法避免泡水濕掉，其實跟降雪有很大關係，日本的雪常常是濕雪，很容易黏在葉子上面。一到晚間氣溫下降，又會再度結冰。雪再度結凍的時候，如果跟葉子裡的水分接觸到，連葉子裡的水也會被結凍，組織也會因此受到破壞。照葉樹的角質層就能夠防止結凍，就算有雪沾在葉子上也不會凍傷。

相比這些，橄欖或月桂樹等地中海的常綠闊葉樹就被稱為硬葉樹。地中海地區降雨量很少，硬葉樹透過發達的角質層來避免水分蒸散，但是它們的角質層表面十分凹凸不平。會有這樣的形態是為了在下雨時能夠讓葉面淋濕，盡可能的透過葉面來吸收水分，或是在水分蒸發乾之前，盡可能的緩和植物跟大氣的蒸氣壓差，並且降低葉表面的溫度。

養分、水分的吸收與光合作用產物的傳送（2）

製造糖分的光合作用

葉子透過內含的水分溶解空氣中的二氧化碳並且吸收

葉子的上部（表面）表皮有發達的角質層來避免水分蒸散，下部（內側）則有氣孔，作為水分進出的通道。針葉樹則是在葉子內側有線狀排列的氣孔，被稱為氣孔帶。

植物透過光的能量來使水分解成氫氣及氧氣，並將氫氣及二氧化碳合成醣類，用以提供自身活動所需的營養。

表皮層的下面馬上可以看到柵狀組織，柵狀組織是以有葉綠素的細胞整齊排列組成，並進行光合作用。再往下可以看到海綿組織，同樣會行光合作用，但此處細胞呈不規則排列，而且細胞間留有空隙，利用這些空隙來儲存水分。從氣孔吸入的二氧化碳就在這裡溶於水中，然後由海綿組織的細胞吸收使用。呼吸作用所使用的氧氣，也是同樣由氣孔進入。

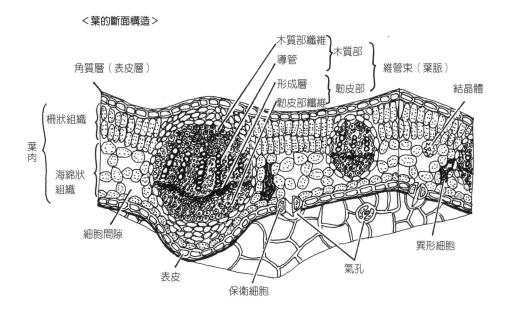

＜葉的斷面構造＞

原圖出處：植田利喜造編著（1983）《植物構造圖說》，森北出版

葉子是掌控健康的要素

有很多葉子並有足夠陽光的樹木，就能夠生產大量的能量。葉子少的樹就沒辦法生產足夠糖分，也就沒辦法長得好。對樹木來說，一次被拔掉很多葉子是很大的傷害。所以一旦有大量枝條被切除，就會馬上喚醒休眠芽來長出新的葉子。

樹木為了自己的生存而長出葉子，沒有一片葉子是沒有用的。從樹幹或是大的枝條長出的幹生枝，或是從根領長出的萌蘗等等都是有其必要性的。所以，修枝都是為了人為的目的，而非為了樹的存活。

光合作用在天亮到中午前，會特別旺盛

要進行光合作用需要打開氣孔來吸入二氧化碳，但是打開氣孔的同時，葉子的水分也會隨之散失。葉子沒有足夠的水分的話也沒辦法行光合作用，甚至會失水萎縮。所以，葉子會在萎縮之前控制氣孔的開閉來抑制蒸散。

在盛夏的雨天，大氣中的相對濕度較高，氣孔在白天也會打開；但是在晴天的話，能夠大量進行光合作用的時段，就是日出後到中午前

枝葉是掌控健康的要素

日出到中午前　　　　　　　　〔夏天放晴的日子〕　　　　　　午後到傍晚

葉子立起來，通風良好、進行蒸散，光合作用也旺盛

葉子垂下來遮風，避免蒸散，光合作用也停止

這段時間。樹木在太陽升起時會將葉柄的細胞膨脹來讓葉子立起來，才能接受到足夠陽光。夏天太熱的時候會把氣孔關閉來避免過度蒸散，葉子垂下來也可以避免葉子背面被風吹到、被帶走更多水分，也可以降低樹冠內空氣流通、避免蒸散。

樹幹也會行光合作用

樹木不只有樹葉會行光合作用。仔細看樹木的話，會發現今年長出的枝條、還沒成熟的果實、花萼，都是綠色的。這些綠色就是葉綠體的顏色，也就可以在這些地方行光合作用。

不只是新生的枝條，已經長粗的樹幹也可以行光合作用。來找找有綠色樹皮的樹吧，像是梧桐、懸鈴木、夏山茶、髭脈榿葉樹、紫薇、花梨、桉樹、瓜膚楓等等。夏山茶跟紫薇乍看之下不是綠色，但是常常剝裂而變薄的樹皮會讓帶有葉綠素的內樹皮有機會接受到陽光。試著把樹皮稍微削一些下來，可以看到一層薄薄的綠色。

桉樹的樹皮會脫落垂下，是因為木栓層增厚後被樹幹的肥大生長壓迫而縱向裂開，裂掉的樹皮乾燥後因為內側的收縮率比外側高，所以就會朝內側蜷縮。桉樹的樹皮過厚的話就沒辦法行光合作用，所以桉樹就自己把樹皮頻繁的剝下來。

櫸木長粗以後樹皮就會呈現斑塊狀的脫落，把這些脫落的部位稍微削開，裡面會看到薄薄的一層奶油色組織，再過幾天再削開就會變成綠色。

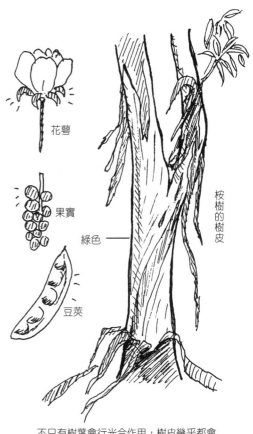

花萼

果實

綠色

豆莢

桉樹的樹皮

不只有樹葉會行光合作用，樹皮幾乎都會

這些樹皮也能行光合作用的樹，樹皮都會頻繁的掉落，木栓層不會累積得太厚。此外，為了讓樹皮行光合作用，樹皮也需要二氧化碳來維持光合作用進行，所以在樹皮表面會有稱為皮孔的構造。

相反的，也有麻櫟或栓皮櫟，又或是黑松、柳杉等木栓層很厚的樹種，這些樹的樹幹就不會行光合作用，但是相對的他們就有很厚的木栓層可以保護自己。

陽性樹種與陰性樹種的差異

不管什麼樹都喜歡陽光，就像人類一樣都喜歡吃東西，只是有分成大食量的人跟小食量的人。樹木也是，有需要大量陽光的樹種，也有不需要那麼多陽光的樹種。

松樹就非常喜歡陽光，如果種在缺乏日光的地方就會長不好，這種樹種就被稱為陽性樹種。

林冠發達的森林裡面，光照量只有外面的十分之一以下，但是也有樹木在這種環境下生存。像是青木或八角金盤，就可以在照葉樹林的下層自然的生活，這些樹種就稱之為陰性樹種。

青剛櫟屬或是錐栗屬等也是陰性樹種，可以在陰暗的林下生長，但是慢慢長大之後，枝葉長到其他樹木的上方，就會變成陽性樹種。能夠長成大樹的樹，基本上都是陽性樹種。

不管什麼樹種都喜歡陽光，只是需要的量多寡的差異

青木就可以自然的長在陰暗的林下

松樹沒有充分陽光就活不下去

【皮孔】在樹皮上形成，用來呼吸的通氣孔；屬於是木栓組織特化的構造，雖然可以讓空氣通過，卻也能阻擋微生物入侵。

青剛櫟屬及錐栗屬會從陰性樹種變身成陽性樹種

小時候是陰性樹種　　　　　長大後變成陽性樹種

根透過溶有氧氣的水分呼吸

根為了維持生活機能，需要大量的氧氣，但是根並不像樹葉有氣孔。樹幹或枝條可以長出皮孔，但是根卻幾乎沒有。

細根（白色的鬚根）為了吸收水分及養分，一直將自己浸泡在黏液之中。溶入這黏液中的氧氣就可以跟水分一起吸收到樹木體內。

此外，淺層的粗根或樹幹透過皮孔吸收的氧氣，也可以透過稱為通氣組織的透氣孔輸送至深部的根系。

稻子和蘆葦的根系中空，這是為了在缺乏空氣的水中也能呼吸，所以從地上部送入大量空氣而演化出來的構造。

呼吸作用所排出的二氧化碳跟青蛙透過皮膚呼吸一樣，會溶在根系表面的水分然後排出，但是有一部分會透過維管束組織送到葉子提供光合作用使用。

<氧氣的獲取途徑>

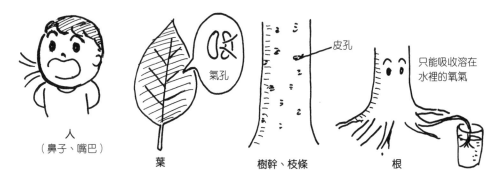

人
（鼻子、嘴巴）

氣孔

葉

皮孔

樹幹、枝條

只能吸收溶在水裡的氧氣

根

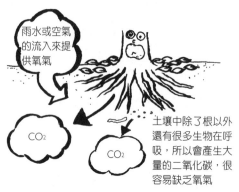

雨水或空氣的流入來提供氧氣

CO_2

CO_2

土壤中除了根以外還有很多生物在呼吸，所以會產生大量的二氧化碳，很容易缺乏氧氣

排水不良的話就會缺乏氧氣

土壤中有著很多生物，牠們也都需要呼吸，也都會排出二氧化碳，甚至有機物被分解的時候也會排放二氧化碳。土壤空氣中的二氧化碳濃度大概是大氣中的 10 倍至 100 倍左右。如果達到 100 倍的話，根系會無法呼吸而死亡。

深紮至土壤中的根系之所以能夠存活，是因為雨水等水分滲透到土壤深處時把土壤中過剩的二氧化碳溶解並且帶走，接著在排水之後引

大量澆水也可以替換土壤中的空氣

新鮮的空氣

CO_2　CO_2

入新鮮空氣。所以，土壤的通氣透水性對根系的生存來說是非常重要的。

比起澆水，更重要的是氧氣

排水不良的土壤中會缺乏氧氣，根系欠缺氧氣就會枯死並且腐爛。排水不良的話根系也沒有辦法生長至土壤深處。缺乏氧氣的話，根系就只能生長在接近地表的部分（參考 55、152 頁）。

生長在河畔並且把根系長在水中的柳樹，因為流水中含有足夠的氧氣，所以不會有氧氣缺乏的問題。雖然柳樹類的通氣組織（譯註：具有大量細胞間隙的薄壁組織，可用於空氣傳輸）也十分發達，但其實效果有限，如果水流遲滯，帶有的氧氣變少，柳樹的生活也會變得辛苦。

流動的水中有大量氧氣

O_2　O_2　O_2

③ 糖分的運輸與養分儲藏

糖分的運輸與養分儲藏（1）

每個枝條分開計算

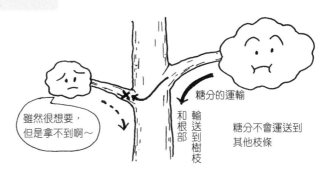

糖分的運輸

糖分不會運送到其他枝條

糖分並不會從本枝條流向其他枝條

每個枝條生產的糖分並不會流到其他枝條去。枝條只會靠自己身上的葉子所產生的糖分來生存。枝條所生產的糖分，會在長出新芽、開花或是結果時向上運輸，但是能輸送的距離並不遠。除此之外，糖分只會從枝條往下輸送到樹幹或根部作為營養來源。所以，要是有大量枝條被切斷了，也會有很多根系受傷。

枝條下方樹幹的凹陷是怎麼形成的？

在枝條下方的樹幹看到的凹陷，是因為枝條生病了，或是枝條受到遮蔭，生長勢變差的緣故。

只要枝條變弱，輸送到下方組織的養分也會跟著變少。支撐枝條的枝頸是從樹幹長出並且生長，但是枝頸下方的組織則是靠著枝條所供給的養分存活，所以枝條活性變差時，下方的組織生長就會變慢。

枝條下方凹陷的成因

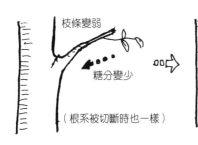

枝條變弱

糖分變少

（根系被切斷時也一樣）

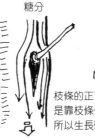

糖分

枝條的正下方組織是靠枝條供給養分，所以生長變慢

附近部位正常生長而隆起

凹陷

把葉子少的枝條修剪掉的話，剩下的部分很容易枯死

把伸得很長的枝條前端的葉子及部分枝條剪掉的話，剩下的部分可能也不會喚醒休眠芽而直接枯死。這是因為枝條剩下的部分養分儲蓄不足。每一個枝條的養分都是分開計算，枝條上儲藏的糖分不夠的話，就沒有辦法喚醒休眠芽，也沒有辦法繼續生長。

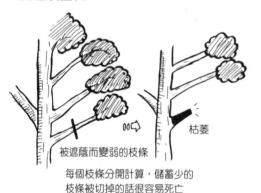

枯萎

被遮蔭而變弱的枝條

每個枝條分開計算，儲蓄少的枝條被切掉的話很容易死亡

把儲蓄起來的糖分在夏天用光

春天開始至梅雨之前花錢，秋天開始認真存錢

樹木在春天回暖的時候會發芽展葉，這些能量其實是從秋天開始到初冬一直儲蓄下來的。到梅雨時期為止，葉子雖然已經長得差不多，但是此時獲得的能量都會馬上用於生長，所以六、七月時是植物體內能量蓄積量最低的時期。初夏開始至梅雨季這段時間，葉子看起來很茂盛、很有精神，但是樹幹和根部儲藏的能量其實是最少的。

要是在這時期強剪枝條，樹幹會需要長出幹生枝，同時還要作出防止病蟲害入侵的防禦壁，養分稍微不夠的話就會對樹木造成很嚴重的傷害。

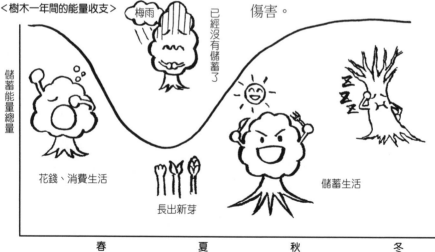

＜樹木一年間的能量收支＞

梅雨

已經沒有儲蓄了

儲蓄能量總量

花錢、消費生活

長出新芽

儲蓄生活

春　　夏　　秋　　冬

在夏天最乾燥的時期樹木雖然看起來生長遲緩，但其實光合作用十分旺盛，根部也利用這些養分生長根系以吸取更多水分。等到夏天結束，秋天開始之際，樹木會拚命累積體內的糖分來度過嚴峻的冬天。

養分是儲藏在哪裡呢？

樹木儲藏養分的地方很多，樹幹、根、大枝條、小枝條、冬芽等等活著的細胞都可以儲存。樹幹的話，主要是韌皮部組織的薄壁細胞和邊材木質線組織的薄壁細胞為主。其中樹皮也會儲存大量養分，冬天的樹皮會因為韌皮部儲存大量糖分而變甜。形成層雖然也是活細胞，但通常不會用來儲存糖分。

冬天到早春之間剝下甜樹皮來吃的鹿和猴子

猴子跟鹿常常對樹木的樹皮造成危害，樹木在夏天行光合作用所累

嚼嚼

冬天的樹皮很甜

積的能量是為了隔年春天生長所需，所以從秋天開始就要準備過冬，開始儲蓄能量。冬天則是放棄生長專心抵禦寒冬。這時候動物根本沒有別的食物，樹皮則是最甜最好吃的時期，所以動物也會以樹皮為食。

春天來臨時為了長出新芽、枝條，就會使用儲存了半年的養分。梅雨季的時候都在開枝散葉並且增長樹幹，幾乎沒有儲存能量，所以是樹皮味道最澀又難吃的時期。

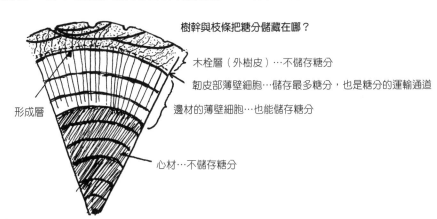

樹幹與枝條把糖分儲藏在哪？

木栓層（外樹皮）…不儲存糖分

韌皮部薄壁細胞…儲存最多糖分，也是糖分的運輸通道

邊材的薄壁細胞…也能儲存糖分

形成層

心材…不儲存糖分

4 透過落葉來更新樹葉

透過落葉來更新樹葉（1）

秋天會落葉，並進入完全休眠的落葉闊葉樹

透過落葉來抵禦寒冬的落葉樹

落葉樹會在每年秋天把葉子全部掉光，到隔年再全部換成新的葉子。但是，也有像槲樹或麻櫟這種長出新葉之前才把老葉子掉光的樹種。

那麼，為什麼落葉樹要在秋天把葉子掉光呢？這是因為繼續留著葉子的話，會無法抵禦寒冬的緣故。落葉樹是生長在比常綠闊葉林更冷一點的地方的樹種。在寒冷的地方常常會發生冬天時葉子結凍而枯死。因此，才發展出了在冬天落葉並完全休眠的方法來過冬。

不落葉的話會凍傷喔～

為什麼槲樹跟麻櫟會留著枯葉呢？

槲樹和麻櫟會在冬天依然保留枯葉，是因為用來落葉的離層並不發達。

離層是樹木要落葉之前用來分離葉柄跟枝條的特殊組織。離層大部分由薄壁細胞轉化，遮斷輸送水分和養分的韌皮部及木質部導管之後，剩下的維管束就只有假導管而已。

落葉是水解酶將離層細胞壁以及細胞壁中層分解後完成。在葉子掉落的痕跡上，離層會形成木栓層來防止病源入侵。

在溫暖的地方，冬天並不寒冷，所以在冬天也都繼續保持常綠的狀態，但是常綠樹也是每年都會落葉。

麻櫟和槲樹不太能形成離層，在冬天的時候枯葉都還會繼續保留著，但是會在春天萌芽之前完成離層並且落葉。一般認為槲樹、麻櫟跟常綠樹的青剛櫟屬親緣關係較近，所以還留有一些常綠樹的性質，才沒有辦法乾淨俐落的形成離層落葉。但事實上也可能是故意不落葉，而是利用枯葉來保護枝條中細小的冬芽來度過寒冬。

枯葉不會掉落的麻櫟

利用枯葉來保護新芽

就算葉子枯了也不會馬上形成離層

離層

冬天會讓枯葉留在樹上的樹種其實還不少。櫸木、金縷梅、枹櫟等等都會讓枯葉留著過冬。棕櫚科的葉子枯死了也不會形成離層，所以會一直掛在樹幹上。

在燈光下的行道樹，為什麼冬天還有葉子呢？

在冬至到夏至之間日照時間會逐漸變長（正確來說是夜晚逐漸變短），樹木會對其做出反應而開枝散葉增長樹幹。夏至之後白天慢慢變短，樹木也會開始分化明年要用的芽，並且抑制生長開始儲存糖分，讓葉子變紅變黃或是落葉來準備過冬。這個現象跟溫度也有關係，所以每年開始的時間都不大相同。

但是在附近有強烈燈照的情況下，樹木會無法區分現在的季節，不知道什麼時候該落葉、什麼時候該把葉子變紅變黃，甚至在攝氏負五度的情況下依然維持綠葉。這些還有綠葉的枝條對冬天的抵抗力是非常弱的。這些情況在懸鈴木、楊樹、柳樹及銀杏等行道樹上常常發生。

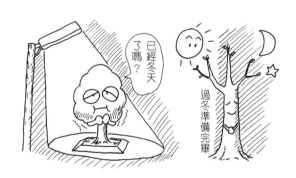

已經冬天了嗎？

過冬準備完畢

在照明之下的樹木，因為夜晚的時間不長，樹木不知道要對過冬做出萬全準備

【譯註】樹木判定季節的機制是以連續夜晚的長度來判定，而不是光照的時間長度。

常綠闊葉樹的落葉時期會因樹種而異

常綠樹什麼時候落葉呢？

多半生長在溫暖地區的常綠闊葉樹在冬天時還會保留葉子，但是也只會行微弱的光合作用，基本上還是維持在休眠狀態。常綠樹樹上一直都會有葉子，但是每年還是會落葉。常綠樹的落葉時期如下：

- 隔年春天新葉長出時讓老葉掉落（樟樹及交讓木）
- 隔年秋天讓老葉掉落（梔子等）
- 讓葉子維持 3～4 年後掉落（日本石柯等）
- 讓葉子維持 5～6 年後掉落（大葉冬青等）

樟樹和交讓木都會在新葉開展時把前一年的葉子全部掉落，但偶爾會看到在新葉開展前葉子就掉光了，看到這情況的人就會以為樟樹是不是枯掉了。

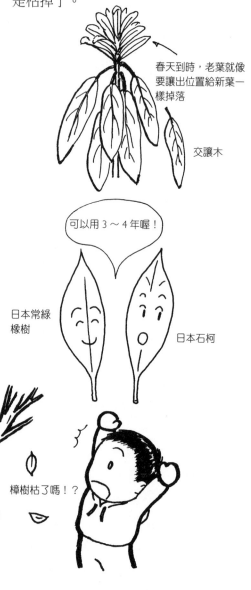

春天到時，老葉就像要讓出位置給新葉一樣掉落

交讓木

可以用 3～4 年喔！

日本常綠橡樹

日本石柯

今年先把葉子掉光才長新葉喔！

樟樹

樟樹枯了嗎！？

在寒冷地區就會變成了落葉樹的丹桂

常綠闊葉樹被種在寒冷地方的話，有時候會變成落葉樹。像是常綠樹的丹桂，如果被移植到寒冷的地區就會變成落葉樹。

石楠花或是雪山茶、太平山冬青、蝦夷交讓木等高山常見的常綠闊葉樹，在冬天就會被埋在雪中度冬。積雪中含有大量空氣可以阻隔熱量散失，所以可以防止嚴寒。

石楠花的過冬作戰

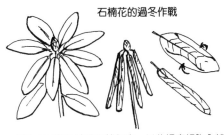

減少水分散失讓葉子捲起來，以此提高細胞內糖分的濃度來過冬（糖分濃度越高越不容易結凍）

利用雪當被子保暖的話，不用落葉也能度過冬天

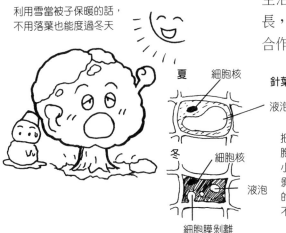

耐寒性高的針葉樹

提高細胞液的濃度來防止結凍

蝦夷松及庫頁冷杉等等常綠針葉樹在冬天也保留大量葉子，是因為它們對寒冷的抗性特別高。為了迎接冬天來臨，會將葉子、枝條以及樹皮細胞內的糖分或樹脂的濃度提高，來防止細胞結凍。

在寒冬來臨時，細胞外的水就算結凍了，細胞內的水也不會結凍，而且細胞外的水結凍後會降低水蒸氣壓，細胞內的水蒸氣壓相對變高，細胞內的水又會被帶出體外，讓細胞液的濃度更加升高，也更不容易結凍。細胞內不結凍的話，針葉樹就能生存下去。

蝦夷松及庫頁冷杉在寒冷的地方生活，為了在極短的夏天內有效生長，只要天氣一暖馬上就可以行光合作用，所以才選擇保留樹葉。

針葉樹的耐寒對策

夏　細胞核

液泡大且充滿水分

把水分排到細胞外，液泡變小，細胞膜也剝離，細胞內的濃度提高就不容易結凍

冬　細胞核

液泡

細胞膜剝離

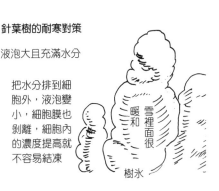

暖和　雪裡面很

樹冰

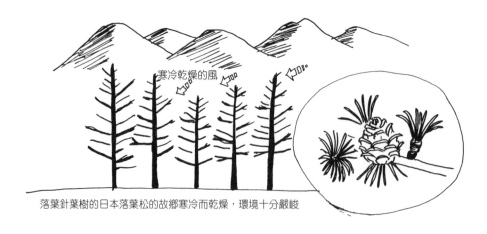

寒冷乾燥的風

落葉針葉樹的日本落葉松的故鄉寒冷而乾燥，環境十分嚴峻

針葉樹的落葉

　　針葉樹也有像日本落葉松這種在冬天會落葉的樹種，但是它天然的分布範圍只會在吹乾燥的寒風而不會下雪的地區。

　　日本的長野縣佐久地區、輕井澤、山梨縣西部的八岳山麓、富士山等處冬天就是這種氣候。像這種乾燥的寒風，蝦夷松跟庫頁冷杉就沒有辦法承受。日本落葉松在冬天落葉才能承受這種乾燥而冷的環境。

透過落葉來更新樹葉（4）
樹木過冬的準備

為什麼柳杉葉子的顏色會像枯掉一樣？

　　冬天柳杉的葉子會變成暗褐色，是因為到了冬天的時候，葉子中的葉綠素被分解而減少，這是因為類

胡蘿蔔素一種的紫杉紅素的紅色取而代之的結果。不過，葉子真的枯掉的時候跟冬天的顏色是一樣的，所以要分辨是不是真的枯掉其實十分困難。

　　如果沒有枯死的話，到了春天葉綠素增加就又會變回綠色。

冬天變成暗紅褐色的柳杉

葉子的顏色變了，是枯死了嗎？

為什麼會形成紅葉呢？

子中的礦物質被葉子回收，而葉綠素跟蛋白質被分解成胺基酸，以及留在葉子的糖分想透過葉柄回收卻被葉柄基部剛生成的離層阻止，於是便堆積在葉子裡面。這些糖分跟胺基酸累積之後，形成花色素苷的一種矢車菊苷，就變成紅葉了。

黃葉則是原本葉子中被葉綠素顏色遮住的葉黃素中的黃色因為葉綠素分解而顯現，所以看起來會是黃色。

雖然跟紅葉、黃葉不同，日本山毛櫸、枹櫟、麻櫟等等的葉子也會有類似的變化。這些樹種的葉子則會變成褐色。褐葉則是葉子中的物質被分解時，單寧類物質酸化變成一種叫做櫟鞣紅的紅褐色酚類而讓葉子呈現褐色。

變成紅葉、黃葉的原因

落葉闊葉樹在秋天為什麼會變成美麗的紅色呢？因為到了秋天，葉

紅葉與黃葉的成因

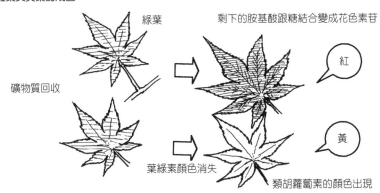

綠葉　　　　　　剩下的胺基酸跟糖結合變成花色素苷

礦物質回收

紅

葉綠素顏色消失

黃

類胡蘿蔔素的顏色出現

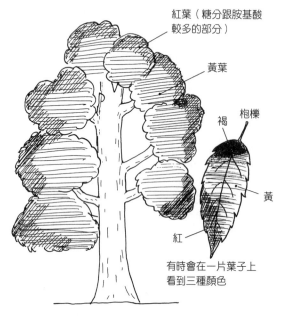

常照光、溫濕度變化較大的部分，
葉子變紅變黃的速度也比較快

紅葉（糖分跟胺基酸
較多的部分）

黃葉

褐　枹櫟

黃

紅

有時會在一片葉子上
看到三種顏色

時間。樹冠最上層常常照到太陽，氣溫跟濕度變化較大的葉子就會比較快變紅變黃，也比較快落葉。中下層被遮蔭的樹葉因為溫濕度變化較小，變色的時期會隨之延後，顏色也會比較不鮮艷。樹葉內部儲存的糖分與胺基酸的量，也會因為日照強度差異而改變，日照多的地方就會有比較多的糖分和胺基酸累積。

麻櫟跟枹櫟就會在同一棵樹上同時看到紅、黃、褐葉，甚至在一片葉子上出現三種顏色。

為什麼每年的紅葉都不一樣呢？

從夏天到初秋如果都是好天氣，到了秋天突然變冷的話就可以看到美麗的紅葉。如果夏天跟初秋的雨水較多，樹葉中的糖分濃度較低，就沒有辦法形成美麗的紅葉。若是夏天太乾燥、或是樹葉被蟲吃了，同樣看不到美麗的紅葉。

為什麼同一棵樹會有紅葉、黃葉、褐葉不同的變化？

就算是同一棵落葉樹的葉子也會因為位置影響變色的方式和變色的

冬芽的防衛機能

樹木為了度過寒冷的冬天，會做很多準備來保護新生的芽。

像是生成比一般葉子要小上許多，幾乎不行光合作用、呈鱗片狀的葉子來保護新芽，這些變態的葉子就被稱為芽鱗，被芽鱗包覆的芽就稱做鱗芽。芽鱗在隔絕寒冷及乾燥上有非常顯著的效用。

冬芽芽鱗的數量及型態因樹種而異，落葉後無法分辨樹種時可以透過觀察芽鱗來分別。

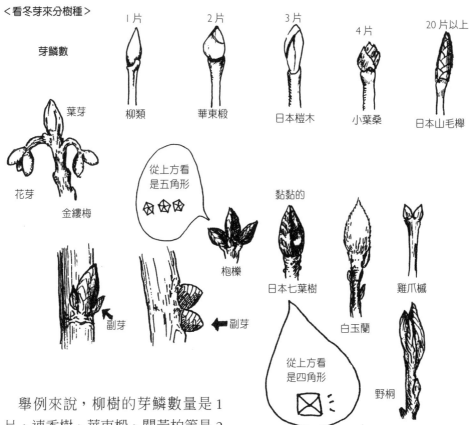

<看冬芽來分樹種>

芽鱗數

1片　柳類
2片　華東椴
3片　日本樫木
4片　小葉桑
20片以上　日本山毛櫸

葉芽
花芽　金縷梅

從上方看是五角形

枹櫟

副芽

副芽

黏黏的
日本七葉樹
白玉蘭
雞爪槭
野桐

從上方看是四角形

　　舉例來說，柳樹的芽鱗數量是 1
片，連香樹、華東椴、關黃柏等是 2
片，日本樫木、毛赤楊等是 3 片，
小葉桑、真樺、莢蒾等是 4 片，日
本山毛櫸、大櫟、千金榆等會有 20
片以上。

　　楓樹的種類也能利用芽鱗的數量
及排列方式來分辨。

　　木蘭跟日本辛夷等的芽鱗會有 2
片托葉並有葉柄。

　　日本七葉樹的芽鱗會有樹脂覆蓋，
摸起來黏黏的，但是這層黏液在保
護芽避免乾燥上起作用之外，也能
避免被蟲啃食。想要吃芽的蟲碰到
這些黏液之後身上就會沾滿黏液，
所以就不會去吃芽了。

　　也有覺得分化芽鱗很浪費，直接
把芽裸漏出來的裸芽。胡桃屬、海
州常山類、日本紫珠，還有毛漆樹
等等都是裸芽。裸芽的最外側的葉
子會跟芽鱗一樣保護內部的新芽，
並在過冬之後脫落，葉子本身則是
覆滿各種絨毛。

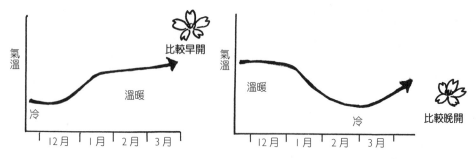

<就算是暖冬也會有早開花跟晚開花的差異>

暖冬會讓櫻花提早開花嗎？

櫻花樹的花芽需要經過冬天一定程度的寒冷之後，才會打破休眠開花。實際開花時也需要一定程度的溫度。一般的暖冬有可能讓櫻花早開，也可能讓櫻花晚開。因為暖冬這個敘述也有很多種不同狀況。12月、1月很冷，2月、3月變暖的話，櫻花會提早開；但是12月、1月溫暖，2月、3月很冷的話，櫻花開花時間就會延後。

12月到1月之間不夠冷的話，花芽就不會做開花準備；2月、3月冷的話，花芽的發育會比較緩慢。把染井吉野櫻種在連冬天都很少低於10度的沖繩地區的話，幾乎就不會開花了。

春天發芽與土壤濕度的關係

春天發芽開花的時期會跟溫度有關，但其實土壤的溫度也會造成影響。土壤較濕的地方在春天來臨後溫度上升較慢，發芽的時期會比乾燥地區更慢一些。這種現象常能在濕地或池塘邊觀察到。

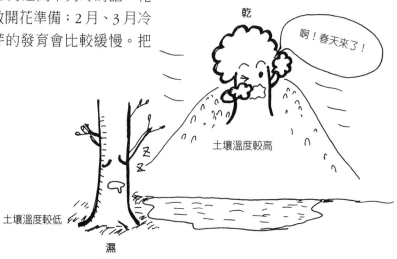

5 樹木為防禦病蟲害所做的準備措施

樹木為防禦病蟲害所做的準備措施（1）

聚集在樹上的生物們

病蟲害很難入侵健康的樹木，但是……

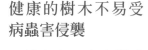

健康的樹木不易受病蟲害侵襲

　　基本上，害蟲與病原菌是在樹木衰弱時才能寄生成功。一般情況來說，樹木本身都具有對病蟲害的防禦能力，所以只要樹木保持健康，就不容易受病蟲害侵襲。

　　如果某種害蟲能讓健康樹木接連倒下，那這種樹木就會滅絕，害蟲也將失去食物，進而無法留在生態系中。

　　以長遠的眼光來看，病蟲害其實都是跟生態系的植物共存，防止樹木過度繁衍，並且擔任分解有機物的角色。

寄生於樹上的生物

1. 蕈類

　　會長出蕈類的真菌有很多種，但是侵入樹幹、樹枝、樹根等活著的組織的真菌就有限。不過，像是蜜環菌等等就會被當成病原菌。然而，像瓦菌這種只會在枯死的部分生長的菌種就不會被當成病原菌，反而是把對樹木來說無用的枯萎枝條、樹葉分解的重要夥伴。

　　但是，能夠分解木材的真菌入侵樹木的主幹或枝條時，事情就不一樣了。樹木內部的木材腐朽之後，力學強度會顯著下降，最終導致傾倒或折斷。因此，能分解木材的真菌也會被歸類為病原菌，無論分解的木材在哪個部位，那棵樹都會被當作是生病的樹。舉凡多孔菌科的真菌都常常是造成樹幹斷折的病原。

蜜環菌（寄生在活的樹上）

2. 苔蘚

　　樹皮的更新十分緩慢，老舊的樹皮持續留在表面的話，很容易有苔蘚附著在上面。

苔蘚會附著在狀況變弱的樹上

　　如果樹皮經常替換，那苔蘚就難以著生。樹皮上出現苔蘚就代表這棵樹近年來沒有變粗多少。如果苔蘚或地衣類把整棵樹覆蓋住的話，那就可能是樹狀況衰退的徵兆。

3. 螞蟻

　　對螞蟻來說，在腐朽軟化的木材部位比較容易築巢，如果在樹幹表面發現螞蟻用來進出的細小孔道的話，代表這棵樹的內部已經腐朽了。不過，螞蟻沒辦法在堅硬的地方挖洞，只會在腐朽的部分築巢，在螞蟻築巢的同時，菌絲也會跟著被吃掉。所以，有螞蟻築巢雖然會加速木材空洞化，但也會延緩腐朽的速度，甚至停止腐朽。

螞蟻是害蟲嗎？

溫帶的白蟻通常不會吃含有活細胞的邊材，只會吃死掉的木材。但是，亞熱帶和熱帶的白蟻也有會讓樹木枯死的種類存在。

白蟻

4. 天牛

松斑天牛身上帶有會讓松樹枯死的松材線蟲，星天牛的幼蟲則會在闊葉樹樹幹靠近根部的地方挖個大洞。

木蠹蛾、象鼻蟲、小蠹蟲類、長小蠹蟲類、蝙蝠蛾、透翅蛾等等的幼蟲也會在樹幹或枝條上開洞，並且啃食木材。

小蠹蟲的話不只幼蟲，成蟲也會在樹上開洞。

帶有松材線蟲讓松樹枯死的松斑天牛

5. 槲寄生

這些帶有黏性的種子會黏著在樹木的枝條或樹幹上，就地發芽，並將不定根深入被寄生的樹皮，吸取維管束中的水分及營養。不過寄生植物大多會自行行光合作用，所以大多數情況下不會殺死寄主。但是，

槲寄生

只會吸取水分跟礦物質喔！

也有桑槲寄生讓寄主枯死的紀錄存在。

6. 大的藤本植物

藤本植物攀附在樹身上，慢慢長大，最後蓋過原本寄生的樹的樹冠，造成被寄生的樹沒辦法行充分光合作用的例子時有所聞。常春藤、葛藤、多花紫藤等等就常常讓寄主枯死。

藤本植物

7 . 蚜蟲

蚜蟲會在枝條或葉子上吸取樹液維生，而蚜蟲的排泄物帶有甜味，所以容易吸引螞蟻前來。如果沒有被螞蟻吃掉，這些帶有糖分的排泄物直接沾在葉子上的話，就很容易導致黴菌生長而發生黑煤病。

那麼，為什麼蚜蟲要分泌出帶有糖分的排泄物呢？這是因為吸取樹液時，糖分攝取過多而礦物質不足，蚜蟲為了維持體內平衡，在不斷吸取樹液時，必須將多餘的糖分排出體外，持續到礦物質的含量足夠為止。如果不排除多於糖分的話，蚜蟲可能也會得類似糖尿病的病吧。

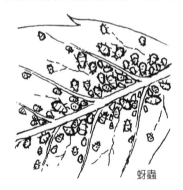

蚜蟲

8. 介殼蟲

介殼蟲多半會出現在細小的枝條或是葉子上，但也有少數會出現在樹幹。黑櫟的樹皮會異常粗糙，其實有很大原因要歸咎於櫟脛毛介殼蟲。櫟脛毛介殼蟲出現在樹皮肥大

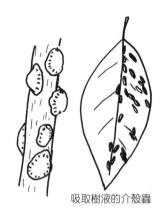

吸取樹液的介殼蟲

生長而縱裂、內部尚未完全木栓化的新鮮樹皮上，並且以針狀口器吸取內樹皮的細胞液。樹木會對此做出反應，增生木栓形成層，並且形成大量木栓層，最後櫟脛毛介殼蟲就被包在裡面。

9. 霜黴病

霜黴病的病原菌會在樹葉的表面寄生，但是被寄生的樹葉細胞死亡的話，病原菌也會死亡，所以病原菌只會以微小的器官刺入被寄生的細胞，避免被寄生的細胞死亡。

也就是說，霜黴病的病原菌為了不讓細胞因為樹本身的免疫系統而死亡，會分泌物質來抑制樹木用來殺死自己細胞的毒素（參照 118 頁）。

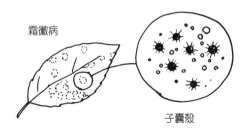

霜黴病

子囊殼

病蟲害讓人意外的一面

樹木的病蟲害種類數不勝數，其中部分有著十分特別的生活史。大多數的病蟲害不會只發生在一種樹上，而是在不同樹種間傳播。也有些讓大部分病原菌難以繁殖的環境，卻是某種特定菌種的溫床。

雖然我們平常都視病蟲害為大敵，但我們不妨也把它當成一種生物，一窺它們做為生物的一面。

以營火為契機長出的蕈類

一般會認為營火的高溫會讓土壤中菌類死亡，但其中也有例外。像是波狀根盤菌就是會因為營火或森林火災等高溫才醒來的怪胎。波狀根盤菌會寄生在松類的根部，在海岸的松樹林常可以在露營的營火痕跡上看到它出現。

或許波狀根盤菌就是在等待燃燒後的高溫，將其他菌種殺死的那一瞬間吧。

為什麼要以這種方式生活呢？

茶色像水母一樣的蕈類

因為火而甦醒的波狀根盤菌（不可食用）

會在松樹及枹櫟之間感染的松瘤銹病菌

病原菌不只會在生病的樹上出現，有時也會在其他的植物上存活。像這種在複數寄主間交互傳染的病菌，稱為異種寄生菌，但是這種菌只要少了其中一種寄主，就不會發病。

在松樹樹幹上出現的松瘤銹病，是由銹菌引起的疾病。松瘤銹病菌會在枹櫟和麻櫟等樹葉上傳染，並在松樹與枹櫟之間反覆感染且繁殖。

異種寄生菌中最有代表性的要屬梨赤星病。這是會在梨樹及圓柏之間交互傳染的病菌。它會讓梨樹的狀況衰退，結出來的果實也賣相不佳，在梨園附近都會禁止種植圓柏，但這並不是會讓梨樹死亡的疾病。

啃食櫸木及華箬竹而存活的櫸葉袋蚜

昆蟲也會在不同的植物間寄生，像是會在櫸木葉子上造成蟲癭的櫸

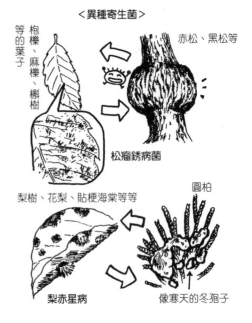

〈異種寄生菌〉

枹櫟、麻櫟、槲樹等的葉子

赤松、黑松等

松瘤銹病菌

梨樹、花梨、貼梗海棠等等

圓柏

梨赤星病

像寒天的冬孢子

葉袋蚜。

櫸葉袋蚜的幼蟲在春天會寄生於櫸木的葉子上並產生蟲癭，夏天則會移居到竹子或華箬竹等的根部。到了秋天，又會回到櫸木身上。櫸葉袋蚜不管是少了櫸木還是竹子，都沒有辦法生存。也有其他蚜蟲會像櫸葉袋蚜一樣，找夏天的避暑別墅來度過炎熱夏天呢。

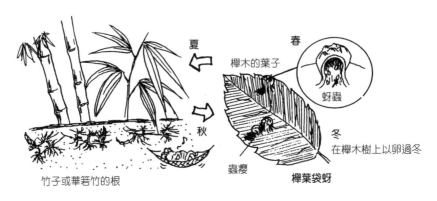

夏

秋

竹子或華箬竹的根

春

櫸木的葉子

蚜蟲

冬

在櫸木樹上以卵過冬

蟲癭

櫸葉袋蚜

聯手讓松樹枯死的松斑天牛及松材線蟲

松斑天牛身上會帶著造成松樹枯死原因之一的松材線蟲，這種線蟲是從北美傳入，日本的赤松和黑松等二葉松（一個短枝長出兩根葉子的松樹），還有朝鮮五葉松等等完全沒有抵抗能力，連健康的松樹也會遭受其害。特別是土壤乾燥的環境，會讓樹的狀況衰退得更快、發病也變得更加快速。發病的流程如圖。

5月～6月之間，松斑天牛從枯死的樹幹中羽化飛出，然後找到還活著的松樹並啃食新葉。此時松材線蟲就會從松斑天牛的氣孔鑽出，再從被松斑天牛啃食的傷口入侵松樹，接著藉由松樹的樹脂道在松樹體內移動。

梅雨期的降雨讓土壤濕度提升，松材線蟲的繁殖也會受到抑制，但等到7月下旬到8月的盛夏期間，乾燥的氣候讓松材線蟲在樹木體內大量繁殖。

松樹會分泌抑制松材線蟲繁殖的萜類，但是無法殺掉松材線蟲。隨著松材線蟲的繁殖，用來輸送水分的假導管會因為用來抵抗松材線蟲而分泌的單萜類揮發產生的氣泡而空洞化。

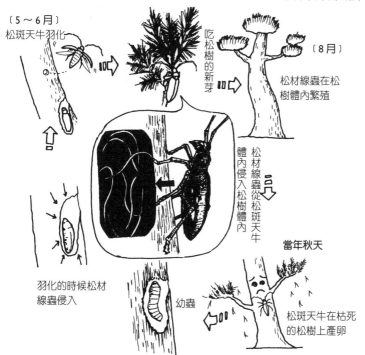

〔5～6月〕
松斑天牛羽化

吃松樹的新芽

〔8月〕

松材線蟲在松樹體內繁殖

松材線蟲從松斑天牛體內侵入松樹體內

羽化的時候松材線蟲侵入

幼蟲

當年秋天

松斑天牛在枯死的松樹上產卵

【樹脂道】用來分泌樹脂的組織，從上皮細胞中分化出會分泌樹脂的特別細胞圍成的細胞間管狀空隙。

此外，松材線蟲會分泌能分解纖維素的酵素，並破壞能分泌樹脂的上皮細胞阻止樹脂繼續分泌，進而破壞形成層。形成層細胞被破壞的話，空洞化會更加劇烈，最後造成水分運輸中斷，樹木也只能走向死亡。

8月下旬至9月的期間如果看到松樹的樹葉全部變色的話，就有很高的機率已經感染松材線蟲了。

松樹枯死後，雌性松斑天牛就會在樹上產卵，幼蟲會在枯死的樹幹中成長發育並化蛹。化蛹時松材線蟲就會聚集到蛹室，並在羽化的時候從松斑天牛的氣孔入侵體內，然後開始新的一次傳播。這就是松斑天牛跟松材線蟲令人驚異的共生關係。

樹木對付病蟲害採取的防衛機能

用於防禦病原菌的超敏細胞死亡及木化

超敏細胞死亡對植物來說是很重要的防禦機制。舉例來說，樹木發現樹葉生病了，就會在被病原菌寄生的樹葉附近大量分泌酚類，對自己的細胞進行毒殺。因為感染樹葉的病原菌會搶走活細胞的糖分與養分，還不如先把周遭的細胞都先殺死，避免災情擴大。

另一個會在病原菌入侵時引發的反應是薄壁細胞的木化。木化反應是將病原菌侵入的周遭薄壁細胞快速沉澱木質素，在物理化學上形成堅固的牆壁來避免感染擴大。

抵抗害蟲的葉子

樹木會分泌蟲子討厭的物質來避免被吃。只要樹木還有活力，就算被害蟲攻擊也不會因此就枯死。

仔細觀察被蟲啃食過的葉子，可以發現被啃食的部位跟健康的部位邊界會有黑褐色的組織出現。這就是蟲子想要吃新鮮的葉子，而樹木做出抵抗避免葉子繼續被吃的結果。

首先，樹木會生產大量蟲不喜歡吃的物質，讓整棵樹都變得難吃。

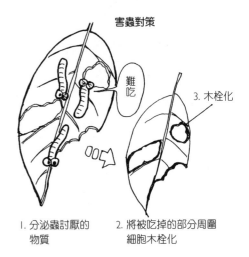

害蟲對策

難吃

3. 木栓化

1. 分泌蟲討厭的物質

2. 將被吃掉的部分周圍細胞木栓化

接著，將被吃掉的部位周圍細胞木栓化。這樣蟲就沒辦法繼續吃，而轉向其他的葉子。樹木所散發的芳香、樹脂、澀味、苦味、毒物、臭氣等等都是為了防禦病蟲害，避免自己被吃的手段。

如果有大量害蟲出現，對樹木造成的損傷也會很大，所以樹木間會彼此傳遞情報。樹木會透過乙烯及水楊酸等物質來傳遞情報，接受到這些情報的樹也會開始讓自己變得難吃。當害蟲抵達時，就沒有辦法在這裡獲得食物，進而離開往遠方尋找食物。

這種現象在非洲莽原的金合歡樹林跟長頸鹿的互動也可以看到。

吸引害蟲天敵的樹木

櫻花樹的葉子有稱為蜜腺的構造，在花裡面的蜜腺是為了吸引昆蟲來協助搬運花粉，那麼長在葉子上的蜜腺又有什麼功用呢？其實是為了吸引螞蟻用的。櫻花樹葉子的蜜腺在春天展葉之後到初夏之間都會分泌甘露。因為這段時間櫻花樹想要讓自己的果實成熟，勢必要行大量光合作用累積養分，要

是在這段時間被吃的話，樹的狀況就會衰退。因此，櫻花樹在葉子上長出蜜腺，吸引螞蟻來做為守衛，以便防禦其他害蟲的攻擊。

螞蟻跟蚜蟲間的共生關係十分有名，但其實螞蟻並沒有守護蚜蟲，因為牠在舔食蚜蟲分泌的甘露時，也會把蚜蟲吃掉。

樟樹葉子的葉脈分歧處會稍微突起，從葉背面看則會稍微凹陷、呈現袋狀的構造。這個袋狀構造被稱為蟎室。這個蟎室偶爾會有蟎住在裡面，是會捕食葉蟎等等其他蟎的肉食性蟎。樟樹負責提供空間給肉食性蟎居住，相對的這些肉食性蟎則幫樟樹清除啃食樹葉的葉蟎。在珊瑚樹上也有類似蟎室的構造。

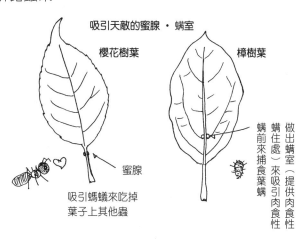

吸引天敵的蜜腺・蟎室

櫻花樹葉

樟樹葉

蜜腺

吸引螞蟻來吃掉葉子上其他蟲

做出蟎室（提供肉食性蟎住處）來吸引肉食性蟎前來捕食葉蟎

有活力的樹就算被病蟲害
攻擊也不會枯死

樹狀況衰退的時候就容易受到病蟲害侵襲

改善環境讓樹木的防禦機能能夠完整發揮

　　生態系的平衡要崩潰的時候，會很容易發生嚴重的蟲害。舉例來說，樹木被伐採後整塊林地受到強風吹拂並且變得乾燥、或者是道路或建築施工讓土壤變硬而造成樹的狀況衰退，就有可能出現大量木蠹蟲。

　　有時會為了個別樹木考量，就不需要嚴守不以人為方式干擾自然的原則。不過在此之前，改善樹木的生存環境，讓樹木的活力提高來抵抗病蟲害才是應該優先採取的措施。舉例來說，為了守護森林中的古木，會將古木四周遮蔭到古木的樹略為修枝，讓古木能夠得到足夠的光照。

陽光

空氣

水

改善樹木的生存環境，提高樹木的活力

樹木對害蟲抵抗力強弱的差異

在樹木間有對病蟲害抵抗力強的樹，也有對病蟲害抵抗力弱的樹。舉例來說，會去啃食樟樹和銀杏的害蟲種類就很少，也很少看到因蟲害而死亡的樟樹和銀杏。對蟲害抵抗力強的樹多半對病害抵抗力也高，所以很容易看到活到百年以上的樟樹跟銀杏。

反之，楊樹和染井吉野櫻就是害蟲種類很多的樹種，病害種類也多。因此，很難找到存活超過百年的老樹。

能夠久活的樹跟無法久活的樹，其實還不清楚在本質上有什麼差異，只能猜測是分泌抗病蟲害物質的能力（像樟樹會分泌樟腦）的強弱在基因上有差異，但真正的原因還是成謎。

楊樹

染井吉野櫻

好吃！

短命

對害蟲抵抗力差的樹種

銀杏

樟樹

長命

難吃！

唉呀～

對害蟲抵抗力強的樹種

與樹根共生的菌根菌，讓木材腐朽的腐朽菌

主要的病原菌為真菌類

　　會引起植物生病的病因很多，像是類病毒、病毒、植物菌質體（寄生在植物上的支原體）、細菌、真菌類、地衣（特定種類）、線蟲類、蟎類、寄生植物（特定種類）等等，但是大部分會讓植物生病的都是真菌。

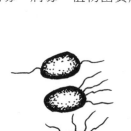

細菌

線蟲

真菌

蜜環菌

多孔菌的族群

會寄生在植物身上的病原體

和樹根共生的菌根菌

松茸會跟赤松共生，並且產生菌根這種構造，代替樹根深入土壤中更細小的空隙來吸取水分、含氮化合物以及礦物質，並且保護根系避免受到過乾或過濕的環境影響。

松樹在貧瘠的乾燥地生存能力較強，再加上菌根菌的協助，就能在其他植物無法生存的稜線存活下去。反過來說，松樹在充滿落葉堆積、土壤相對肥沃的地方，在生長競爭上就很容易輸給其他的樹。

其實不只赤松，有很多樹種都會跟菌根菌共生。菌根的定義是真菌與植物共生後形成類似根系的構造。菌根可以幫助植物吸取水分及礦物質，對土壤病害以及乾濕度的抵抗力也會提升。

會形成菌根的菌就被稱為菌根菌。根據共生狀態不同，又分為外生菌根、內生菌根及內外生菌根。其中，最有名的松茸就是松類的外生菌根。

菌根菌對樹的重要性，甚至被描述成「樹沒有菌根就沒辦法長大」。只要跟真菌共生，就能度過更加嚴苛的環境壓力。但是只要樹的狀況衰退，沒有辦法供給足夠養分給真菌的話，真菌就會開始攻擊樹根。

外生菌根

很多樹的樹根會跟菌根菌共生

分解木材的蕈類

所謂木材腐朽是指木材被真菌類分解這回事。腐朽的部分會變得破碎。所有樹木都會得的共通疾病就是木材腐朽病。

但是沒有真菌的話就沒辦法進行分解，森林內的物質循環也會停止，對樹木來說已經枯掉、很礙事的枝條也不會掉落。結果來看，沒有分解者的話植物也是無法生存的。對樹木來說，腐朽是不能避免的必要存在。所以，真菌類是敵人也是夥伴。

褐腐菌與白腐菌

木材的細胞壁中含有細菌難以分解的木質素、纖維素及半纖維素。

褐腐菌雖然可以分解纖維素及半纖維素，但是讓細胞壁變硬的木質素卻幾乎無法分解。被褐腐菌感染的木材就像是鋼筋混凝土的鋼筋被

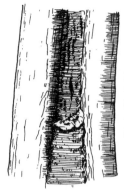

大部分的木材腐朽菌，會在當初侵入的地方長出最大的蕈類；在該處也可以完整看到被菌絲覆蓋、完全腐朽的部位

木材腐朽菌的蕈類

溶解，只留下水泥的構造。整體的骨架消失，就會變成塊狀跟粉狀而分崩離析。

白腐菌可以分解纖維素、半纖維素，甚至木質素。但是木質素分解的速度會比纖維素來得快，所以細胞就會變成只有纖維素的狀態，就像是只有鋼筋的建物。只剩下骨架而沒有填充物的話，就會變成像海綿一樣。

半纖維素在細胞骨架中扮演的角色就像是用來固定鋼筋用的鐵絲。

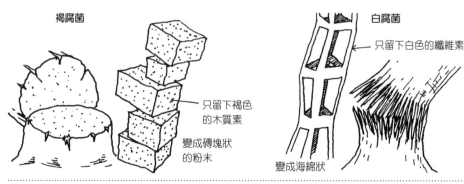

褐腐菌

只留下褐色的木質素

變成磚塊狀的粉末

白腐菌

只留下白色的纖維素

變成海綿狀

【譯註】樹木褐根病（brown root rot disease）是台灣重要樹木病害之一，由病原真菌（Phellinus noxius）所引起，其寄主範圍極廣，台灣每年許多珍貴樹種皆因此而枯死，並有逐年擴大的趨勢。

枝條或傷口下方會腐朽？上方也會腐朽？

柳杉或日本扁柏在枯枝或枝條掉落的痕跡附近會有溝狀的腐朽，這是因為樹皮、形成層或是邊材的薄壁細胞被胴枯性病原菌入侵導致的樹皮壞死，接著腐朽菌就會入侵內部來分解木材。

樹皮的壞死會往枝條痕跡的上下縱向延展，橫向擴張則比較緩慢。一來是木材也在抵抗腐朽菌，二來是形成層會加速補強腐朽造成的物理性弱點來加粗樹幹，於是腐朽的部位就會變成紡錘形。雖然溝腐症狀很少造成樹木死亡，但是木材的價格卻會下滑很多。

闊葉樹遇到溝腐症狀，從枯枝留下的痕跡侵入並且感染的話，腐朽的範圍多半以往下延伸為主。

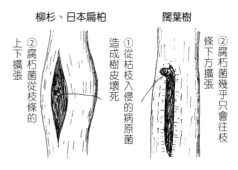

柳杉、日本扁柏　　　　闊葉樹

①從枯枝入侵的病原菌造成樹皮壞死

②腐朽菌從枝條的上下擴張

②腐朽菌幾乎只會往枝條下方擴張

從根部的傷口，或是根部入侵的病原菌

根部的疾病很少是從樹幹上傳染過來。感染蜜環菌或白紋羽病（譯註：患病初期在根領會長出白色菌絲的腐朽病）是根部疾病的代表，但病原菌的菌絲最多只會感染高度兩公尺以下的組織。

櫻花樹、桃樹的根常出現根部癌腫病，雖然有可能轉移到枝條，但頂多影響到離地面五公尺高而已。

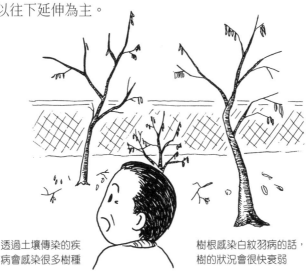

透過土壤傳染的疾病會感染很多樹種

樹根感染白紋羽病的話，樹的狀況會很快衰弱

樹木對於腐朽菌採取的防禦機制

形成防禦壁阻止腐朽擴大

樹木受傷時，為了避免造成腐朽菌侵入樹幹或主要枝條時的災情擴大，樹木會產生保護層封鎖腐朽菌繼續感染。

第一道防禦壁…在導管及假導管中充滿各種防禦物質，形成對抗腐朽的縱向防禦帶。

第二道防禦壁…年輪的晚材部分或是心材化也能構成防禦帶。

第三道防禦壁…木質線薄壁細胞產生的防禦帶。

第四道防禦壁…形成層或新生1～2年構成年輪的薄壁細胞形成的防禦帶。

最強的防禦帶是第四道，其次是第三道。

最弱、最容易被突破的是第一道防禦帶，因為腐朽造成的縱向感染範圍較長、較廣。

已經腐朽變成鬆軟的 A 部分是已經被腐朽菌分解完畢的殘渣，腐朽菌活動最旺盛的 B 部分雖然會變色，但與防禦壁還是不易區分。

產生防禦帶的能力與樹木本身的活力有很大關連，狀況強盛的樹可以快速產生強大的防禦帶，弱小的樹產生的防禦帶也弱，並且耗時。

產生四道防禦壁阻斷腐朽

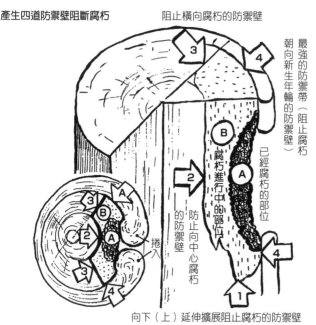

阻止橫向腐朽的防禦壁

最強的防禦帶（阻止腐朽朝向新生年輪的防禦壁）

腐朽進行中的部位

已經腐朽的部位

防止向中心腐朽的防禦壁

捲入

向下（上）延伸擴展阻止腐朽的防禦壁（最弱的防禦帶）

【譯註】堪稱現代樹木醫學之父的美國 Alex Shigo 博士，提出的四道壁防禦壁理論（CODIT, Compartmentalization Of Decay In Tree），強調樹木具有抵抗疾病的自我防衛機制。但是，樹木在啟動這四道防禦措施時是同時並進的，並不會有時間先後。

透過群聚來抵禦病蟲害的森林

無論什麼樹都會遭受病蟲害，若是整片森林由單一樹種組成，全部的樹都可能一起遭到病蟲害侵襲。由許多樹種組成的森林就相對不容易被同一種病蟲害侵襲，也就不會有單一病蟲害大量傳播的危險。此外，能夠抵禦或抑制病蟲害的生物也更加多元，病蟲害也因此不會長時間持續。

當森林中的多樣性越高，生物彼此間互相取得平衡，就能抑制部分生物的大量繁衍。不應該直接短視的認為這是害蟲或益蟲，應該長遠的思考它與樹木間的關係，以及它與其他動植物，甚至菌類間所扮演的角色。

樹木間會透過釋放物質來傳遞情報。像是葉子被吃了，就會讓其他葉子變得難吃來避免全部的葉子都被吃掉。鄰近的樹木接收到訊息傳遞物質，也會把自己的葉子變得難吃。不想吃難吃葉子的害蟲就會移動到其他的森林，樹木跟昆蟲、菌類就是以這樣的關係共存著。

或許會想「從一開始就把葉子變難吃不就好了」，但持續釋放抗菌物質對樹木來說會需要消耗很多能量，所以生長較差的樹木才會無法產生足夠的抗菌物質，也更容易受到病蟲害侵襲。

當森林中的多樣性越高，生物彼此間互相取得平衡，就能抑制部分生物的大量繁衍

染井吉野櫻的萌蘗也是染井吉野櫻？

染井吉野櫻是大島櫻跟江戶彼岸櫻雜交後的混種，幾乎沒有辦法結成種子，就算偶爾結出種子也不會長成染井吉野櫻，所以會以大島櫻的實生苗為砧木進行嫁接。染井吉野櫻的發根力也很弱，所以也不宜以扦插法進行繁殖。因此，在染井吉野櫻的根領部位看到的萌蘗，基本上都應該是大島櫻。

但是，在公園路樹常可見到的染井吉野櫻萌蘗卻又都是染井吉野櫻，這又是為什麼呢？

這是因為近幾年用來作為染井吉野櫻嫁接用的砧木不再是大島櫻，而改用真櫻、又名青葉櫻的扦插苗來嫁接。真櫻的扦插苗很容易發根，用來當砧木也很容易操作。

以真櫻為砧木嫁接染井吉野櫻的話，染井吉野櫻的生長速度會比真櫻快上許多，逐漸包覆作為砧木的真櫻，最後被包在裡面的真櫻的部分就這樣死亡。這種情

染井吉野櫻　真櫻

用作砧木的真櫻被染井吉野櫻的組織包覆，無法長出根系（砧木劣勢）。於是，根領的萌蘗都是染井吉野櫻

形被稱為砧木劣勢。這種情況下染井吉野櫻就能長出自己的根，於是根領長出的萌蘗也就都是染井吉野櫻了。光就結果來看跟扦插的效果是一樣的。

請仔細看櫻花的葉背面，染井吉野櫻跟江戶彼岸櫻的葉脈會有毛，大島櫻則沒有。山櫻跟大山櫻的葉子也幾乎沒有毛，但是它們的葉柄會略為泛紅，大島櫻則不會。沒有毛又比較沒有澀味的大島櫻的葉子，就常被拿來醃漬或是用來包櫻餅使用。

染井吉野櫻
江戶彼岸櫻

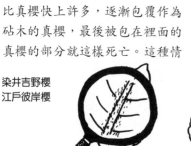

葉背面有毛

大島櫻

葉子大又沒有毛，適合拿來包櫻餅

樹木的診斷與管理方式
—— 充滿誤解的管理方式

過去，樹木管理方式混雜許多錯誤觀念。最甚者是「樹木在修枝後會長得更好」；尤其日本諺語中有「幫櫻花修枝是笨蛋，不幫梅樹修枝也是笨蛋」的說法，讓人不修枝都不行。

雖然修枝讓樹冠變小對庭園木有某種必要，但對樹木來說絕對不是好事。

此外，還有「沒把幹生枝切掉的話，上方的枝條就會枯萎」也是錯誤的。

樹木是因為狀況衰退、根系功能發生問題，沒辦法向上方枝條輸送水分，才會選擇長出幹生枝來重返年輕。

樹不會浪費能量做不必要的事，每片葉、每根枝條都是有必要才長出來。

覺得修剪比較好是人類自以為是的行為，並不是樹木期望的。管理樹木時，先理解樹木需要什麼，然後選擇對樹木影響最少的方式才去做。

覺得切了比較好的都是人類的想法，
跟樹木的想法無關

樹葉、新生枝條的診斷與處置

葉子、小枝條的數量

多　　　　略少　　　　少　　　　稀疏

狀況佳 ←　　　　　　　　　　　→ 狀況差

在診斷樹木的健康狀態時，要從上至下，觀察許多不同地方來總評。這樣才能夠了解同樣症狀的樹，是因為什麼原因讓它健康狀態不佳。

樹葉、新生枝條的診斷與處置（1）
從修枝的痕跡與枝葉，來理解樹木的煩惱

修枝傷口生成膨大組織以防止腐朽

在修剪大的枝條甚至樹幹時，不可避免的，平常植物儲存用以生存的糖分等等物質都會隨之失去。失去的枝條越大，失去的養分也越多，留下的傷口也會更大。如果同時修剪掉許多大的枝條，那對樹木來說會變成攸關生死的問題。

如果不想要讓樹長大，最好在還是小樹的時候就開始修枝。新生的枝條因為尚未心材化，所以就算把活力強的枝條修剪掉，整個傷口也能做出完整的防禦反應，避免腐朽菌等疾病入侵。

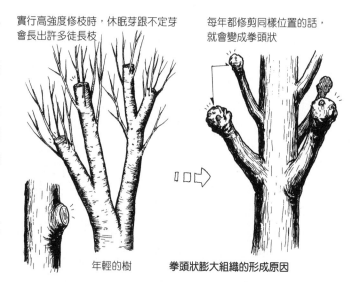

實行高強度修枝時，休眠芽跟不定芽會長出許多徒長枝

每年都修剪同樣位置的話，就會變成拳頭狀

年輕的樹　　　　拳頭狀膨大組織的形成原因

切除新生枝條時，在切口附近會有很多枝條長出。隔年再將這些枝條修剪的話，枝條先端就會變成拳頭狀。這個拳頭狀的組織裡面有大量的芽，並且處於飽含能量的狀態，對病蟲害的抵抗能力也會提升。雖然外表不好看，但是對植物來說是非常重要的部分。

如果把已經長粗的枝條切斷，從切口往下10公分左右都有可能枯死。此外，內部也會出現木材腐朽的狀態。

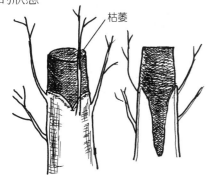

枯萎

切斷較粗枝條的時候，到新芽長出的起點以上都會枯萎

枝條被切斷的話，中間的木材會開始腐朽

樹葉、新生枝條的診斷與處置（2）

生長受阻時，葉子就會變小

葉子有大有小的原因

春天剛發芽時葉子尚小且顏色較淺，經驗不足的人必須等到晚春或初夏時，葉子完全展開並且成熟之後，才能夠對葉子的生長狀態做出正確的診斷。累積經驗之後，就算在落葉期間也能透過冬芽的大小或是節間的長度來判斷枝條的充實度，藉以做出診斷。

葉子的大小會因樹種而異，大葉子的有日本厚朴、日本七葉樹；針葉的有松樹、柳杉等等，要怎麼判斷比較好呢？

當你看過很多很多樹之後，就會對樹葉的平均大小有個概念，柳杉跟松樹也是，仔細看的話可以發現不健康的樹葉會比較短小。大氣或是土壤太乾燥，讓樹根沒有辦法吸收到足夠水分；或是土壤缺乏肥料成分、十分貧瘠；抑或是時常受到強風吹拂，這些原因都會導致葉子變小，甚至樹梢都會枯萎。

葉子是用來行光合作用的很重要的部位，那為什麼葉子會有大有小呢？葉子在行光合作用的時候會消耗水分，而大部分的水分都是由氣孔蒸散。水分充足的話，就可以長出大的葉子，要是吸收不到足夠水分，為了抑制蒸散作用，葉子就會隨之變小。尤其輸送水分到樹冠是很困難的事，如果水分不足的話，會最先從樹頂的葉子開始變小。土壤變得乾燥或是變硬，根系生病或是被切除，都會影響水分吸收，進而讓葉子變小。

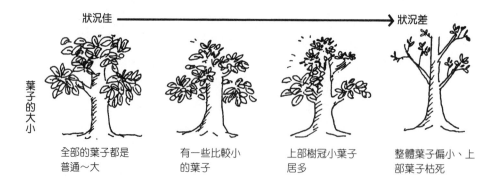

狀況佳 ➡ 狀況差

葉子的大小

全部的葉子都是
普通～大

有一些比較小
的葉子

上部樹冠小葉子
居多

整體葉子偏小、上
部葉子枯死

樹木的狀況衰退或是水分不足時，樹上
長出的新葉子會比較小來抑制水分蒸散

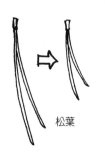

松葉

樹葉、新生枝條的診斷與處置（3）

出現幹生枝、萌蘗，代表健康亮黃燈

長出幹生枝或萌蘗的原因

應該曾看過在樹幹上或是根領附近長出很多小枝條吧。在枝條上面有許多的芽，除了正常長出枝條的芽以外，也有不少沒有發芽而沉睡，變成休眠芽（潛伏芽）的情況。也有可能是發芽之後沒能長大就因故枯死，在枯死的部位長出的不定芽也有可能變成休眠芽。

會看到樹幹長出小枝條，是因為樹木感受到危機，進而喚醒沉睡的休眠芽的緣故。舉凡上方的枝條枯萎、只能長出新的枝條取而代之的時候，就需要這些芽。

從根領長出的枝條又稱萌蘖，樹幹長出的就叫幹生枝。樹木長出幹生枝或是萌蘖都是為了脫離現在的生長困境所努力的證據。

萌蘖和幹生枝，跟一般的枝條並沒有太大的區別，但是相對高處的葉子會比較大、顏色較淡。一般來說，樹冠高處的枝條較多、沒有長出幹生枝或萌蘖的樹，都可以認定為狀況良好的樹。但是，偶爾也會因為修枝等原因，使得樹木過於衰弱連長出幹生枝及萌蘖的能量都沒有的情況。上方的枝條枯萎、只看到幹生枝或萌蘖的話，代表狀況已經十分衰弱；更甚者連幹生枝及萌蘖都長不出來，代表這棵樹已經處於危機之中。

幹生枝及萌蘖是為了彌補糖分不足而長出的枝條

容易及不容易長出幹生枝及萌蘖的樹

不同的樹種長出幹生枝及萌蘖的能力也不同。香椿、日本榿樹、連香樹等等就很容易長出萌蘖，形成類似叢生的樹型，在主幹衰弱時可以透過萌蘖來重返年輕。松樹等在受到修剪時也完全不會長出萌蘖或幹生枝，被修剪的枝條也會直接枯死。闊葉樹也有像山桐子這種幾乎不長萌蘖的樹種。

不同樹種長出幹生枝及萌蘖的能力有相當差距，所以在修剪時必須要多加注意。

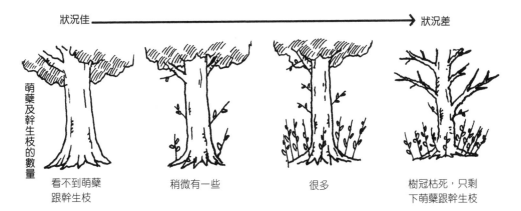

狀況佳 ➡️ 狀況差

萌蘖及幹生枝的數量

看不到萌蘖跟幹生枝｜稍微有一些｜很多｜樹冠枯死，只剩下萌蘖跟幹生枝

為什麼松樹不會長出幹生枝及萌蘗呢？

松樹的芽大而紮實，只要沒被螟蛾等昆蟲侵害，就一定會發芽長出枝條。所以，松樹幾乎沒有休眠芽。

在闊葉樹等枝條枯萎掉落後留下的傷口上，會生成癒傷組織來填補傷口。此時癒傷組織內的細胞有可能分化成不定芽。所以，會看到闊葉樹在枝條脫落的傷口上長出新的幹生枝。

但是在松樹身上，就算枝條枯萎或是被切斷，也都不會有癒傷組織形成。雖然形成層想要形成癒傷組織，但是松樹的癒傷組織對乾燥的抵抗力極低，馬上就會死亡。也因此沒有辦法分化出不定芽，也就不會有幹生枝出現。這也是造成松樹修枝困難的原因之一。

松樹雖然癒傷組織不發達，但是會分泌大量松脂作為替代來覆蓋傷口，避免病原菌入侵。傷口及枝條的痕跡會隨著樹幹的生長而漸漸被覆蓋。

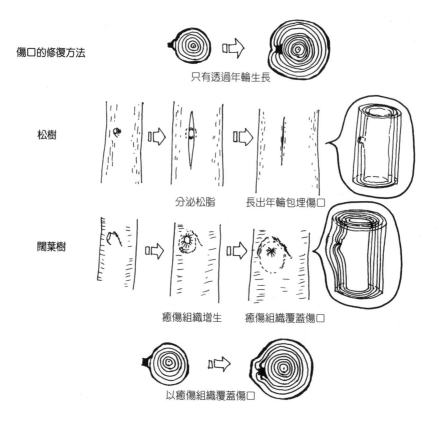

傷口的修復方法

只有透過年輪生長

松樹

分泌松脂　　　　長出年輪包埋傷口

闊葉樹

癒傷組織增生　　癒傷組織覆蓋傷口

以癒傷組織覆蓋傷口

不會產生膨大「疏剪法」

在枝條先端的膨大，是樹木在被修枝之後用來防止腐朽菌從傷口入侵的重要組織，但是以人為修枝的觀點來看，這樣的部位十分不自然也不美觀。於是，出現了不會產生膨大，同時也可以防止腐朽菌入侵的修枝方法──疏剪法。疏剪法是修剪在長大的枝條時不直接從中剪斷，而是以平行分岔的方向修去主枝條，並且只留下分岔的側枝。

替代用的枝條因為上面還有葉子跟芽，被修剪後得到的養分及水分會比原來更多，樹梢的生長及樹葉數量都會比原本更好。疏剪法另一個好處，就在於替代枝條還能夠繼續行光合作用產生糖分，輸送至傷口後可以更快癒合，也更不容易受到腐朽菌入侵。替代枝條因為還留有許多葉跟芽，所以不會從傷口處出現幹生枝，也因為傷口癒合速度更快，不定芽也比較不容易出現。

數年後，替代用枝條也長大成為主枝條，再以相同方式留下替代用枝條。由於傷口跟之前修枝時的位置不同，所以不會產生膨大，也能留下更自然的樹型。

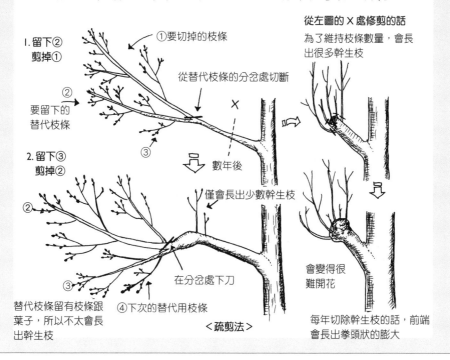

I. 留下②　剪掉①

①要切掉的枝條

②　要留下的替代枝條

③

從替代枝條的分岔處切斷

數年後

2. 留下③　剪掉②

②

③

僅會長出少數幹生枝

在分岔處下刀

④下次的替代用枝條

替代枝條留有枝條跟葉子，所以不太會長出幹生枝

＜疏剪法＞

從左圖的 X 處修剪的話

為了維持枝條數量，會長出很多幹生枝

會變得很難開花

每年切除幹生枝的話，前端會長出拳頭狀的膨大

異常落葉的對應方式

夏天的高溫乾燥造成落葉的處理方式

梅雨季開始，盛夏的太陽持續照射，午後雷陣雨較少的年份，常可以看到行道樹或公園樹的落葉闊葉樹的樹葉呈現茶褐色，甚至帶有異常落葉的情況發生。行道樹或公園樹的土壤常受人類踩踏而變得堅實，或是被瀝青覆蓋，僅有少數的雨水能夠滲入土壤。再遇到梅雨季這種降雨時間較長的氣候現象，水分沒辦法迅速疏導的話，就會填滿表層土壤的縫隙，使得土壤間的氧氣會隨之變少，吸收水分和養分的細根就只能集中在淺層土壤。

在這種狀態下迎接高溫乾燥的盛夏，細根會因為無法承受乾旱而枯死，水分和養分不足的結果，就會出現枝條先端開始枯死並且落葉，甚至全株枯死的情況。

針對這種情況的處理方式就是在根系附近打入 1 公尺以上的切開的竹竿，可以得到良好效果。**切開的竹子插入土壤中，可以讓水分流通至深處**，空氣更容易進入深層土壤。如此一來，在盛夏時節就算地表乾燥，深處也還會保持濕潤，這樣樹木就會為了吸取水分而向下紮根。

不透水層在 2 公尺以下的場合，都可以用竹竿來進行處理。

針對夏天高溫乾燥的對策

在沒有粗根的地方，將切開的竹竿打入

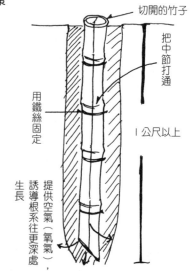

切開的竹子

把中節打通

用鐵絲固定

1 公尺以上

提供空氣（氧氣），誘導根系往更深處生長

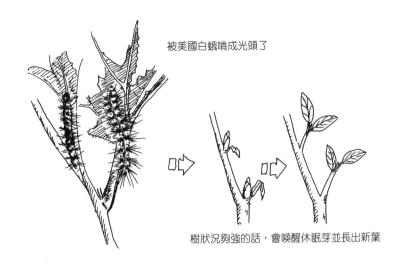

被美國白蛾啃成光頭了

樹狀況夠強的話，會喚醒休眠芽並長出新葉

被美國白蛾啃成光頭的話……

　　樹木就算被害蟲啃光樹葉，也很少會直接死亡。只要樹的狀況夠強，在隔年春天到來時讓芽及休眠芽一起生長，就可以長出新的枝葉。等到秋天，又可以長出隔年用的芽，並且繼續長出新的枝條。不過，樹木也有可能因為失去過多葉子而造成樹的狀況衰退，也更容易被害蟲及病菌入侵。相對的，只要樹的狀況夠強，害蟲也會避免去吃這棵樹的葉子，也不容易被啃光葉子。所以，做好土壤改良以及減少修枝量來保持樹的狀況強盛是很重要的。

在夏天修枝會讓樹的狀況變弱

　　為了防止颱風來襲時樹木被吹倒，在夏天會實行將新生枝條及樹葉修剪的夏季修枝，這會對樹木造成比被害蟲啃食更大的傷害。被修枝的時候不只大量樹葉被剪掉，連帶上面的腋芽、頂芽也都一並被帶走，留下來的枝條也是傷口遍布。樹木會趕緊在傷口增生癒傷組織來修復傷口，防止病原菌入侵，並且喚醒休眠芽，分化新的不定芽生成幹生枝來增加樹葉的數量。

　　但是，夏季是樹木體內蓄積能量最低的時期，很難同時兼顧這麼多事情。所以，在夏季進行高強度修枝時常常會造成樹木枯死，就算沒枯死也會讓狀況衰退、抵抗力也變弱，進而讓病蟲害入侵的機率提高。

　　夏季修枝應該針對生長太旺盛、容易被風吹斷的枝條，進行疏剪法。尤其是狀況較弱的樹，更應該避免在夏天修枝。

② 枝條的診斷與處置

枝條枯死的診斷

如何判斷是否已經枯死？

在冬天要判斷枝條是落葉還是枯死，只要稍微扭一下樹皮就可以簡單判別。高處的枝條就要用望遠鏡找芽，如果芽飽滿的話就代表枝條還活著。

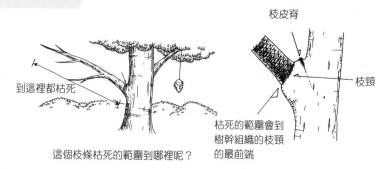

到這裡都枯死

這個枝條枯死的範圍到哪裡呢？

枝皮脊

枝頸

枯死的範圍會到樹幹組織的枝頸的最前端

枝條枯掉的範圍會到哪裡呢？

由於每一根枝條的能量都是獨立計算，所以該枝條所需要的糖分都是由枝條上的葉子所供給，沒有辦法得到其他枝條的葉子所產生的糖分。所以，要是枝條沒辦法自己生產足夠糖分，這個枝條到與樹幹連接的部分就都會枯死。

當樹木發現有枝條的光合作用效率下降時，就會從枝條上回收氮元素以及礦物質，在枝條分歧的部分形成防禦層，阻擋水分和養分的運輸，枝條的枯萎也會加速。

在枝條的基部會有被稱作枝頸的組織來支撐枝條，枝條枯死時會一路枯死到枝頸的部分。如果有連接到其他健康枝條的話，就會枯死到接近枝皮脊的部位。

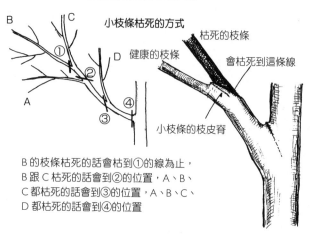

小枝條枯死的方式

枯死的枝條

健康的枝條

會枯死到這條線

小枝條的枝皮脊

B 的枝條枯死的話會枯到①的線為止，B 跟 C 枯死的話會到②的位置，A、B、C 都枯死的話會到③的位置，A、B、C、D 都枯死的話會到④的位置

日本扁柏必須要打枝，但櫸木的枯枝會自己掉落

夏天到初秋的時節，到櫸木林下會看到很多枯枝掉落在地上。這是因為櫸木會從自己身上淘汰被新生枝條遮蔭而光合作用效率降低的枝條。櫸木的枝條枯死乾燥後木材會收縮，跟活著的木材連接的部分隨之出現裂痕，只要被強風吹到就會很容易掉落。換言之，櫸木會自己處理枯死的枝條。

相對的，日本扁柏的枯枝就不太會自己掉落。日本扁柏的葉子會在枝條死亡後馬上掉落，但是枝條本身卻會留在樹幹上很久。這些**枯枝沒有主動去除的話，就會生成有很多節的木材。此外，這些留存的枯枝也可能成為漏脂病**（譯註：漏脂病是由於真菌（Cistella japonica Suto et Kobayashi）感染樹脂道，造成樹幹表面不停漏出樹脂的疾病，會影響樹木生長，甚至形成層壞死）、胴枯病等病原菌的入口而引發疾病。所以，日本扁柏的造林地經營中，打枝（譯註：將殘留在樹幹上的死亡樹枝打落的處理）是不可偷懶的。

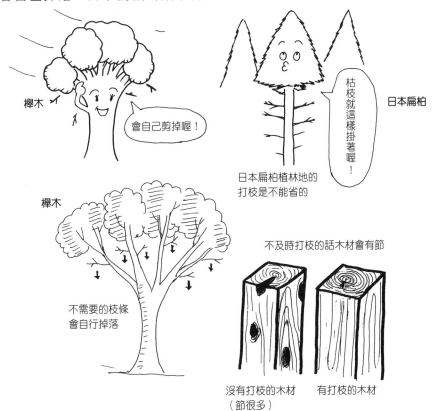

櫸木

會自己剪掉喔！

櫸木

不需要的枝條會自行掉落

枯枝就這樣掛著喔！

日本扁柏

日本扁柏植林地的打枝是不能省的

不及時打枝的話木材會有節

沒有打枝的木材（節很多）　　有打枝的木材

要注意枝條枯死的方式

上方枝條開始枯死的話需要注意

從春天開始到初秋的晴天的日子，葉子的蒸散作用會十分旺盛。如果根系受到損傷，土壤因為人類踩踏而變硬，導致土壤中氧氣不足、排水不良水分停滯，樹木就沒有辦法得到充足的水分。

尤其是受到重力影響，要把水分輸送到更高的枝條會更困難，使得上部枝條的葉子變小、枝條生長不佳、葉子慢慢變少，最後就是枯死。

大氣從葉子吸取水分的力量，以及根系從土壤間吸水的力量沒有達到循環的話，從根系連接到樹葉的水柱就有可能中斷，水分也無法再繼續向上輸送。

從上部枝條開始慢慢向下枯死的話，多半是因為土壤條件變差、根系變得衰弱、長時間乾旱，導致水分不足、樹幹或枝條的組織生病等原因造成的。

上部枝條健康但下部枝條枯死，如果只是純粹因為被遮蔭造成的話，那是樹木對下部枝條進行淘汰的自然行為，並不會造成問題。但要是

上部的枝條枯死多半是土壤環境不佳，根系衰弱的證據

能夠照到充足陽光的下部枝條也枯死，就有可能是病蟲害或是人為管理的疏失造成。

下部枝條受到遮蔭後枯死是自然現象，但是能照到太陽還是枯死，代表根系有其他問題存在

都市沙漠化讓柳杉的樹梢枯死

日本關東平原等大都市附近的平地柳杉，常常可以看到顯眼的樹梢枯死的現象。造成這種現象的原因可能是因為酸雨、霾害等等大氣汙染或是落雷的緣故，但是現在最有力的說法是因為大氣溫暖化所造成的乾燥影響。大都市的熱島效應會讓平原區氣溫升高，大氣也因為溫度升高而變得乾燥。

再加上土壤被踏實、人為鋪路、下水道設置、密集的建築物、地下水位過低等等，水分很難進入土壤。整個區域陷入大氣及土壤都十分乾燥的沙漠化現象。

柳杉原本喜歡生長在山谷間，而且是需要大量水分的樹種。所以，看到柳杉樹梢枯死的話可能是因為這些原因。

柳杉樹梢枯死的有力說法，是因為乾燥

柳杉是需要大量水分的樹種

就算有降雨也難以滲入的環境

樹木周圍的土壤被人踏得堅實、為了除去落葉而讓土壤露出，導致土壤變得更容易乾燥了

③ 樹幹、樹皮的診斷與處置

樹幹、樹皮的診斷與處置（1）

樹幹的腐朽與空洞的診斷

樹幹出現紡錘狀突起，代表裡面可能已經腐朽

木材腐朽主要是多孔菌顆的蕈類將木材分解的結果。腐朽的部分會變得破碎，並且無法治癒。不過，健康的樹會急遽加粗附近的樹幹來支撐體重。所以，樹幹就算有空洞也不會影響樹木生存。

從外面可能看不到傷口或洞，但是樹幹出現突起的話就代表腐朽菌已經入侵，將內部木材腐朽的可能性存在。

樹木會透過樹幹將枝條受到的風力向下傳遞到根系，最後傳遞到土壤中發散。其中，樹木本體都會受到幾乎均等的力學作用。樹幹腐朽的部位周圍會出現應力集中點，受到過大力量的話就會折斷，所以樹木會加速補強負重最大的部位來支撐這些力量。也由於要補強力學弱點，樹木加速生長的部位會將老舊樹皮撐破，讓內部的新鮮樹皮暴露出來，同時會在樹皮表面形成縱裂。

中間已經腐朽了

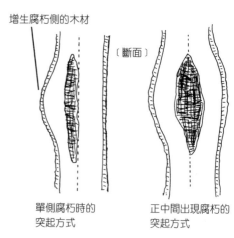

增生腐朽側的木材

〔斷面〕

單側腐朽時的
突起方式

正中間出現腐朽的
突起方式

如果看到多孔菌的蕈類出現，並且開了個洞的話，代表裡面已經被腐朽。樹幹出現突起、有螞蟻的巢等等，也可能代表內部已經腐朽。腐朽菌常會從根部的傷口或是枝條枯死的痕跡入侵，所以要多注意樹幹是否有突起以及樹木身上是否有其他傷口。

松樹銹瘤病以及國槐銹瘤病都會造成形成層異常分裂，進而出現突起，和腐朽可能沒有直接關係，但是這些突起部分長期來看也是較容易腐朽的部位。

褐腐菌造成的腐朽病，在樹幹上不容易出現突起

白腐菌會同時分解作為細胞壁骨架的纖維素以及強化細胞壁的木質素，當白腐菌侵入樹木，並且造成腐朽時，樹幹表面就會出現突起。而褐腐菌只會分解纖維素，並不會分解木質素，此時的木材強度依然維持著，所以就算內部已經腐朽，也不太會在樹幹出現突起（參照124頁）。

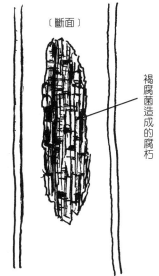

〔斷面〕

褐腐菌造成的腐朽

不會在樹皮表面產生突起，所以從外觀看不出來

樹皮的診斷

從樹皮的顏色判定健康狀態

樹木健康成長的過程中會不斷替換新的樹皮，所以只要是健康的樹，就會看到鮮嫩的「皮膚」。當年齡增長，樹木的生長變慢，樹皮的更新也會變得緩慢，老舊的樹皮留在表面的時間變長，苔蘚及地衣就會附生在老舊的樹皮上面。

如果發現年輕的樹皮表面沒有光澤，就代表這棵樹的健康狀態出現問題，需要多加注意。年輕健康的櫻花樹由於生長快速，樹皮會被樹幹的肥大生長繃緊而呈現鮮豔的顏色，反之不健康的櫻花樹樹皮就會失去光澤，甚至出現縱向的皺褶。

在判定老樹健康與否時，從觀察樹幹的樹皮可以很容易判定。樹皮木栓層較厚的樹種如果健康且活力旺盛的話，會因為生長快速而在樹皮上呈現縱裂，並且能看到內部顏色鮮艷的樹皮。木栓層不發達的樹種則會頻繁的更新樹皮，讓內部新鮮的樹皮露出，呈現斑駁狀。

樹幹的表面有分很多種，像是黑松和麻櫟等具有發達木栓層的樹皮、紫薇的光滑樹皮、三角楓像是剛被

樹幹的健康診斷

健康

樹皮表面沒有傷痕，並且有活力

病弱

樹皮破損並出現剝落

刀子刮過的樹皮，桉樹則會出現像是剛被從上面剝下來的樹皮等等。

地衣類

苔蘚

樹木沒有活力的話，老舊的樹皮就會留存在表面很久，地衣跟苔蘚就會著生其上，苔蘚跟地衣會自行行光合作用合成養分

出現這種害蟲症狀的話要多注意

　　一般來說，平滑的表面出現坑洞、水嫩的樹皮變得乾燥，都代表有問題發生。尤其是樹皮出現坑洞，很有可能是天牛入侵，櫻花樹的話則有可能是透翅蛾這些會在樹上鑽孔的蟲在對樹木造成危害。

　　不過在剛移植的樹木身上，要是看到樹皮變得乾燥而失去光澤，可能是樹木為了對應太強烈的日照，增生木栓層造成的結果。

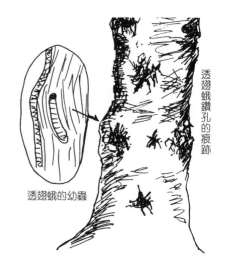

透翅蛾鑽孔的痕跡

透翅蛾的幼蟲

對腐朽、空洞進行外科手術有效果嗎？

削去腐朽部分會造成反效果

樹木會因為大枝條或樹幹被強行修枝、颱風或積雪讓枝條折斷、被車子撞到讓樹皮受損、胴枯病從樹皮入侵、天牛或蠹蟲的啃食等等原因而感染腐朽菌，進而造成木材腐朽而空洞化。

在發現木材腐朽的時候，常見的處置有削去腐朽部位、塗上防腐劑、以水泥填補空洞，並且以塑膠板覆蓋患部等等外科手術，但是這些手術對樹木來說真的有好處嗎？

美國的 Alex Shigo 博士發現健康的樹木在被腐朽菌侵入時，會生成強力的防禦壁來阻止腐朽菌繼續擴張，同時也對至今的外科手術方式提出疑問。如同我們之前提到（參照 126 頁），樹木會為了防止腐朽擴散而分泌萜類、酚類、單寧以及木質素等堆積在腐朽部位周遭，形成堅固的防禦壁。只要防禦壁能完成，就算是腐朽菌也無法繼續擴張。

削去腐朽部位原本的立意是要幫樹木去除已經被感染的部位，但要是把樹木辛辛苦苦做出的防禦壁也一併削掉的話，反而會讓腐朽進一步的擴張。

將破碎腐朽的木材部分削去，會看到被真菌感染而變色但依然堅硬的部位，這些地方真菌的活動最頻繁，繼續往下削的話就會出現用來分隔健康材與腐朽材的防禦壁，但是這兩個部分都會變色，非常難以分辨，很容易不小心削到防禦壁。

削去空洞內腐朽的部分……

塗上防腐劑會有效果嗎？

塗防腐劑是無效的

樹木的外科手術中有將腐朽部位削去後塗上防腐劑的作法，但其實防腐劑對樹木體內的腐朽菌幾乎沒有效果。要讓防腐劑滲透到木材中需要額外的壓力，對活著的樹木來說幾乎是不可能做到的事。因此，**塗上的防腐劑只能停留在患部表層，沒有辦法滲入木材中殺死內部的真菌。**

填滿水泥百害而無一利

在空洞中填上水泥，並沒有辦法

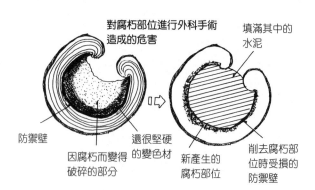

對腐朽部位進行外科手術造成的危害

填滿其中的水泥

防禦壁

因腐朽而變得破碎的部分

還很堅硬的變色材

新產生的腐朽部位

削去腐朽部位時受損的防禦壁

加強樹幹的強度。樹木被風吹拂造成樹幹扭曲的時候，會壓縮下風側的木材，並拉扯上風側的木材，也就是說木材的外緣會不時受到壓縮或拉扯的力量，而木材中心部位幾乎沒有受力。所以，在木材中間的空洞不管塞上什麼東西都沒有辦法補強強度。

為了應付這些物理作用力，還有活力的樹木會在空洞的兩側增加木材的量形成圓柱，如果在空洞塞東西的話，反而會干擾圓柱的形成。

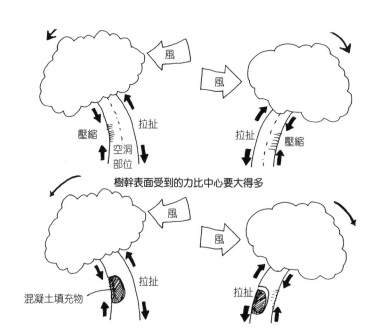

壓縮　拉扯

空洞部位

拉扯　壓縮

樹幹表面受到的力比中心要大得多

混凝土填充物

拉扯

拉扯

填上混凝土在面對拉扯力的時候幫不上忙

樹木會在空洞的兩側增生木材向內捲入，變成兩根粗大的圓柱，以補強物理性質最弱的部位，所以盡可能不要傷害到這些部位為佳。

防水蓋也沒有效果

有一種說法是認為將樹幹先端枯掉的部位切斷後，進入的雨水會加速腐朽進行，所以要在上方蓋上塑膠板防止雨水進入，但事實上腐朽部位中的積水並不會讓腐朽進一步擴散。只要樹木還有活力，就會在腐朽部位跟健康部位間生成防禦壁來阻止腐朽菌擴散。在空洞中積水反而能遮斷空氣的供應，讓需要氧氣的木材腐朽菌無法呼吸，進而無法繁殖。**儲木場常會見到在大水池儲存木頭，就是想藉由將木材泡在水中，防止需氧的木材腐朽菌在木材上繁殖。**

此外，從空洞中是否有積水也能判斷這棵樹形成的防禦壁是否完善，如果防禦壁完整的話，會完全將腐朽部位與健康部位區分開，連水分都無法通過。反之，要是水分會很快滲入木材內部的話，也就代表防禦壁尚未形成或無法完整阻斷腐朽菌。

樹木是需要不斷吸水的生物，所以為了要去除腐朽菌而讓木材乾燥是本末倒置的行為。

樹木的空洞可以為動物提供棲息地

不需要蓋子

就算空洞中積水，也不會讓腐朽擴散

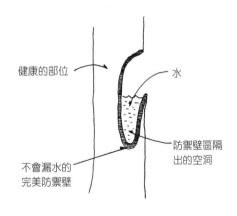

健康的部位

水

不會漏水的完美防禦壁

防禦壁區隔出的空洞

在樹幹上注射營養劑或藥劑也會造成問題

　　有一種方法是在樹幹上注射營養劑與藥劑，其實這種方法會對樹木造成非常大的壓力。樹木為了防止病原菌從注射孔入侵，避免導管或假導管中有空氣進入，會在注射口周圍形成防禦壁來將健康的部位與外界分隔，為此又會需要耗費能量。雖然只要樹木還有活力，就能夠快速的形成防禦層，但是沒有活力的樹就沒有辦法了。然而，會被判斷需要注入營養藥劑的多半都是沒有活力的樹，這時候可能會讓情況更加惡化。

　　此外，特地鑽來注入營養劑的洞，也可能因為樹木生成的防禦層而被阻斷，就沒有辦法繼續注入液體了。

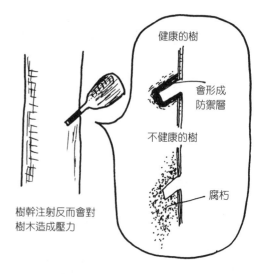

樹幹注射反而會對樹木造成壓力

可以分成容易腐朽的木材和不容易腐朽的木材

　　根據樹種，木材也有容易腐朽跟不容易腐朽的差別。

　　櫸木、樟樹、銀杏、日本扁柏都是不容易腐朽的樹種，鵝耳櫪屬、柳樹、楊樹、刺槐等等就是容易腐朽的樹種。不過這僅僅是程度上的差異，就算是不易腐朽的樹種，只要狀況變差或是受到大的傷害一樣會變得容易腐朽。

　　相對的，就算是容易腐朽的樹種，只要樹的狀況良好、沒有受到傷害的話，腐朽菌也無法輕易入侵，就算入侵了也會馬上被防禦壁給阻擋在外。

就算是不容易腐朽的樹種也是有程度上的差異

已經不行了

④ 根的診斷與處置

根的健康為第一優先

不同的土壤環境也會讓根系型態發生改變

　　根系負責吸收樹木生長所必須的水分，隨著樹木長大，就會需要更多水分，也必須將根系擴散得更大更遠。為了吸收水分，也需要很多細根，但是生長在水分充足環境的樹木不需要擴張根系也能得到足夠水分，就不會將能量使用在生長根系上面。換言之，生長在乾燥地的樹根會不斷向外擴張、向下延展。

　　生長在持續吹著強風地區的樹，會為了不被風吹倒而深紮根系，在這種地方的根系會比枝條更加發達。

　　隨著樹木長大，如果根系能夠完整健康發展，並且生長在落葉不會被掃除、腐植質豐富的地方，並且有發達土壤團粒構造的環境是最好

根系會長得比枝條更寬廣

的。像行道樹只能被種植在狹小的範圍、根系又被瀝青或磚塊鋪路給壓迫，對樹木來說是非常嚴苛的環境。

　　此外，根系也常常因為地下管線施工而被切斷，不僅無法吸收充足水分，更會因此遭受病原菌從傷口入侵。而且大部分的根系都在地下，從外觀上很難發現根系是否有受傷。在樹木旁邊蓋大樓、設柵欄、道路施工，都有可能傷害到樹根。甚至，原意是保護像樹木這樣的天然紀念物的圍牆，也有可能在建造華麗的基礎工程的同時，傷到樹木根系。

有柔軟的落葉及腐植質

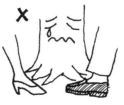

根系被踩踏

瀝青鋪路

在設置保護樹根的柵欄時，可能也會傷到樹根

有辦法的話，集中在一處做成堆肥之後再放回原處，也是解決辦法之一。

不要踏實根部附近的土壤

根系附近的土壤被人為踏實之後，氧氣跟水分就難以滲入土壤，根系也就無法獲得足夠的水分及氧氣。土壤動物也無法生存，就會變成沒有活力的土壤。在有根系生長的地方要極力避免踩踏、建築工程、地下設置工程等等。

不要掃掉落葉

在公園等地常常會把落葉掃去，其實落葉中含有氮元素跟礦物質，把落葉掃去的話就會讓這些元素脫離養分循環，也無法形成腐植質。**在森林之中，有 60％ 左右的無機質養分是由落葉跟落枝所提供的，如果把落葉掃掉的話，土壤很快就會變得貧瘠。**

此外，沒有落葉覆蓋的土壤容易被雨水沖刷表面，被人為踩踏而變得堅硬。如果能讓落葉保持原狀當然最好，真的沒

掃去落葉會讓土壤變貧瘠且容易變硬

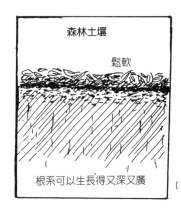

森林土壤

鬆軟

根系可以生長得又深又廣

〔土壤的斷面〕

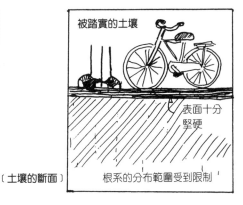

被踏實的土壤

表面十分堅硬

根系的分布範圍受到限制

根的診斷與處置（2）

避免根系缺氧的處置

讓蚯蚓製作出鬆軟的土壤

要讓樹木變得健康，首先就是要營造優良的土壤環境。好的土壤可以涵養恰好的水分及空氣，還有足夠的氮元素及礦物質。在自然森林土壤表層中，土壤：水分：空氣的比例是 2.5：4.5：3。

想要讓土壤維持這樣的狀態，必須要有腐植質覆蓋其上。腐植質是蚯蚓等土壤動物及土壤微生物分解落葉、枯枝的過程中產生的物質。

為了讓整個循環能夠順利進行，需要能提供多種生物生存的環境。

蚯蚓等土壤動物會將落葉、枯枝消化成小塊，以便真菌及細菌分解。另外，土壤動物在製造能夠移動孔隙的同時，對植物的根系生長以及水分、空氣的導入也十分重要。除此之外，也會幫助攪拌腐植質與土壤，所以會被稱為是土壤動物在耕耘這片土地。

森林土壤表層的三相分布

土壤
25%
空氣 30%
45% 水分

土壤生物會製作腐植質，並且耕耘土壤

比起水分，空氣補給更重要

　　你是否覺得，只要澆水，樹木就會變健康呢？依據澆水的方式不同，有時候反而會讓樹木變得不健康。水是樹木生存所必須，但是空氣也是必要的元素之一。根系會在吸收水分的同時把溶於水分中的氧氣一併吸入，並透過這些氧氣將糖分轉化為生存所需的能量（參照55、97～98頁）

　　排水良好的土壤通常會被認為是好的土壤，是因為裡面有充足的空氣。如果積水的話，土壤中就會缺乏空氣，根系就會吸收不到氧氣。

　　一般人會認為每天頻繁的澆水對樹木比較好，但事實上樹木並不一定這麼想。**過度頻繁的澆水會讓土壤中空氣比例下降，根系為了呼吸空氣就會在靠近地表的地方長出細根來呼吸新鮮空氣。**

　　然而，集中在地表的細根對乾旱的耐受性很低，只要忘記澆水就會很容易枯死。樹木很容易因為夏季的乾燥而枯死，其實是因為梅雨季的長時間降雨讓土壤過濕，深處的細根會因為缺乏氧氣而窒息死亡，所以樹木將細根集中在地表，導致在夏季乾旱來臨時沒有辦法承受。**一旦開始頻繁澆水，在乾旱間就不能停止澆水，不然樹木會很容易枯死。此外，根系也會變得容易腐爛。**

　　在澆水的時候，最好的方式是在樹根附近能有數個直徑小而深又排水良好的洞，並且一次將足量的水注入。土壤乾燥時會從表面開始變乾，樹木為了追尋水分就會把根系向下生長，只要能誘導根系生長至土壤深處，在乾旱來臨的時候就會比較容易度過。**澆水的時機是在土壤已經乾燥到讓人擔心樹葉是否會乾枯的程度時，一次澆上大量的水為佳。**

雨天或澆水時，積水會讓根系缺氧而變得容易腐爛

根系衰弱的樹的處置

根系會衰弱的原因有很多，如果是因為土壤堅硬造成通氣透水性不佳，這時候採用縱穴式土壤改良法最為有效。

在推測出根系範圍後，在其邊界挖出深度約 1 公尺，直徑 15 ～ 50 公分的洞，在不傷及粗根的前提下挖出數個這樣的洞，並且用熟成的堆肥填滿。然後將前面提過的（參照 136 頁）打了洞的竹子插入其中，如果能像竹輪一樣在其周圍堆滿堆肥的話效果會更好。每年都要換不同的位置打洞，並且避免傷到粗的根系。

如果將木屑、樹皮、稻稈這些尚未熟成的有機物埋在裡面的話，分解菌會從土壤中吸取必須的氮元素，樹木能利用的氮元素含量就會下降；而且在分解有機物時會消耗大量氧氣，並生成大量二氧化碳，根系會因此而缺氧。另外，未熟成的有機物可能會變成鐮刀菌、絲核菌以及白紋羽病菌等病原菌繁殖的溫床。

在不傷及粗根的前提下挖洞

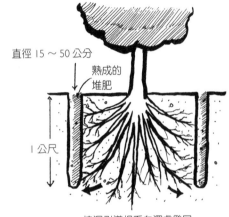

直徑 15 ～ 50 公分

熟成的堆肥

1 公尺

挖洞引導根系向深處發展

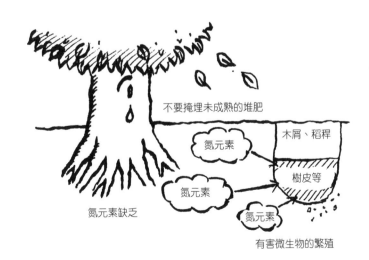

不要掩埋未成熟的堆肥

木屑、稻稈

氮元素

樹皮等

氮元素

氮元素缺乏

氮元素

有害微生物的繁殖

染井吉野櫻是紅顏薄命嗎？

春天櫻花一起綻放之時，總是吸引大量人潮。其中，染井吉野櫻深受大家喜愛。染井吉野櫻是日本江戶時代以江戶彼岸櫻及大島櫻雜交下產生，擁有兩者的優點，是相當成功的園藝種。所以受到大家喜愛，也被廣植於日本全國各地。

但是，相較於能夠活到 400 年的江戶彼岸櫻，染井吉野櫻平均壽命只有 80 年左右。這是因為染井吉野櫻的病蟲害較多，也容易腐朽，所以壽命相對較短。大島櫻也不是長壽的樹種，或許是染井吉野櫻繼承了大島櫻的這個缺點吧。

不過染井吉野櫻的平均壽命會比較短，也有可能是因為種植環境所導致。染井吉野櫻種植的目的是讓大家能夠盡情賞花，所以來賞花的大量人群駐足，然而觀

染井吉野櫻擁有高人氣

江戶彼岸櫻
粉紅色的小花瓣，花會在展葉前盛開

大島櫻
白色大花瓣，同時開花展葉

染井吉野櫻
粉紅色大花瓣、花會在展葉前盛開，開花的位置也好

賞時會將根系附近的土壤踏實，可能就是因此造成染井吉野櫻樹的狀況變差，進而容易被病蟲害影響而縮短平均壽命。證據是在其他根系不會被踩踏的優良環境下種植的染井吉野櫻可以輕易活超過 100 年，並且十分健康。現在也有超過 120 年的案例，但是這些樹的生長環境的土壤條件都十分良好。

長在好地方的話可以活更久喔！

因為賞花客把根系土壤踏實，讓櫻花變得短命

⑤ 種植與移植的方法

種植與移植的方法（1）
種植與移植前的注意事項

注意要種植的地方是否適合要種植的樹種

　　樹木是非常長命，而且會長大的生物。在種植的時候要考量到這棵樹長大後會不會碰到建築物或電線，有沒有足夠的空間讓根系生長等等，盡可能種在寬闊的地方。

種樹的地方要謹慎選擇

樹木是會越來越大的生物，把它們種在能夠自由伸展樹枝與根系的地方吧！

移植壽命將盡的樹，只會讓它加速死亡

移植也沒有任何意義的樹、無法移植的樹

　　壽命快到盡頭的樹，就算移植了，也只是加速它的死去。像是銀杏和欅木可以活到上百歲，與之相比，染井吉野櫻能活到 80 歲就已經算長壽了，特地去移植已經種了 7 ～ 80 年的染井吉野櫻其實沒有什麼意義。白樺和楊樹也是短命的樹種，為了把它種成大樹而移植，其實也意義不大。

　　不同的樹種在移植時有各自需要注意的地方。像是長大的桉樹要移植就非常困難，以一般的方式是沒有辦法的。因為桉樹在造林時是以瓶子育苗，並且以不傷及根系的方式種植。

樟樹的大樹比小苗容易移植

樟樹是很不可思議的樹，一般來說樹木在幼年期比較容易移植，長大以後會提高移植的難度，然而樟樹卻是在小苗時移植很難存活，反而是長大以後移植存活率比較高。

樟樹新生枝條的樹皮都是綠色的，能夠行光合作用，漸漸的木栓層發育，老樹的樹皮會出現龜裂並且變成灰褐色。如果在樟樹樹皮還是綠色的時候移植，會因為樹幹旺盛的光合作用蒸散過多水分，樹幹的組織就會因此失水而死，所以不能在樟樹還幼小的時候移植。

以前為了生產樟腦，在各地種植樟樹林時，都會為了減少從樹幹跟枝條失水而將其剪去，僅以樹根進行移植。在現今日本各地留存的樟樹造林地，會看到幾乎都是樟樹多生木（多主幹的樹）就是因為這個原因。

樟樹長大以後木栓層會發育，並且抑制蒸散，這時候就可以不用切去樹幹進行移植。一般在移植成熟的樹木的時候，會因為切除枝條或

根系的傷口造成病原菌入侵，進而枯死。就算沒有枯死，也會因為腐朽菌入侵而讓樹的狀況衰退。但是對象是樟樹的話，會因為樹幹中含有大量樟腦，可以防止病蟲害從傷口入侵。移植之後也不會變得衰弱或是出現胴枯病，並且能夠維持粗根、不定根以及枝條的生長能力在健康狀態。

近年也出現以樟樹的盆栽且不切斷根直接移植的方式，就可以在不用切掉樹幹的情況下進行移植。

桉樹雖然也有大量相同的殺菌成分，但是卻沒有辦法跟樟樹一樣以大樹移植。因為桉樹在長大之後一樣會透過樹皮進行旺盛的光合作用，同時也會蒸散掉大量水分，這被認為是桉樹無法以大樹移植的主要原因之一。

種植與移植的方法（2）
在移植的前一年進行「整根」

移植對樹木會造成很大的負擔，因為在移植之前會將根及葉子切除，樹木無法維持完整的生理機能，會

樟樹造林

切掉

小樹

只移植樹根

長出萌蘖

以前會種植樟樹來採集樟腦

變成多生木

處在能量不足的狀態，對病蟲害的防禦能力也會下降。一般來說，樹木的樹冠越大，地面下的根系也會越廣，所以在進行移植作業之前切去太多根系的話，會很容易讓樹木枯死。如果真的有必要進行移植的話，就需要在移植之前先進行「整根」的準備（譯註：「整根」作法是結合了斷根和環狀剝皮後在靠近樹根處塗上發根劑，以及做好養根球等移植前的準備工作，以確保移植後樹木的存活率）。。

「整根」的方法

「整根」是在移植前，先挖掘預定好的根球大小再往內修去部分樹根，有粗的樹根的話就將樹皮剝掉，然後重新埋回土裡，經過半年至2年的養生期，讓根的基部長出新的根系後再進行移植的技巧。有「整根」的話，樹木在移植後就不會有水分吸收力低落的時期，存活率也大幅提高。在春天新葉長出之前進行最為適當。如果能在春天完成，最快在同年夏天就能夠進行移植。

移植的時候根球大小會因為根的生長方式而有所不同，不過基本上是以樹幹直徑的 4～5 倍為基準，深度則是樹幹直徑的 1.5～2.5 倍。根系保留越多，對樹木的損傷會越少，但是保留的範圍變大，土壤容易崩落、搬運難度也會提升。所以，會依據根系的生長方式有相對應的範圍。然而，**一般使用的斷根法則是從根球大小再向內挖掘 10～15 公分，此範圍之外的根系全部切除，回埋後給予簡單的支架。**

「整根」作業完成後，在進行移植時必須避免傷及從傷口長出的新生細根，因此會從根球大小外側開始挖掘，並以草繩及網子包覆根球後移植。

有一種說法是移植前採取斷根與養根球等準備工作之後，並且轉動樹木，所以在日本會稱為「根回し」（在此譯為「整根」）

一年後將根球挖掘出來，並且仔細綑綁後才進行移植

左圖：

樹幹的直徑

15cm　　　　　　15cm

1.5～2.5L

「整根」的距離

4～5L
從這條線開始「整根」

移植時從這裡開始挖掘

「整根」的根球

移植時挖掘的根球

大樹的粗根就需要環狀剝皮

環狀剝皮法是「整根」技術中最好的方法，在移植大直徑樹木的時候才會使用。原理跟取扦插苗一樣。

首先將移植用的根球挖好，並將周圍的土壤清除，根系如果直徑小於 3～4 公分，則以利刃切斷，盡量留下乾淨的切口，避免傷口感染。直徑大於 3～4 公分的根系則施行環狀剝皮，把突出根球的部分剝去 15 公分左右的樹皮及形成層，同樣保持傷口的清潔與完整。

被環狀剝皮的根系收到樹幹傳遞來的糖分及植物賀爾蒙時，因為輸送管道阻斷，使得能量堆積在靠近樹幹基部的樹根，這些能量會加速新生根系的發育，而被剝皮的另一端會因為沒有糖分而枯死，但還能夠維持吸收水分、氮元素及礦物質的功能一段時間。

於是，地上部就只需要做最低限度的修枝即可。在某些情況下，甚至不修枝都是可以做到的。此外，由於粗根都沒有被切斷，所以幾乎不需要給予樹木支柱來保持平衡。

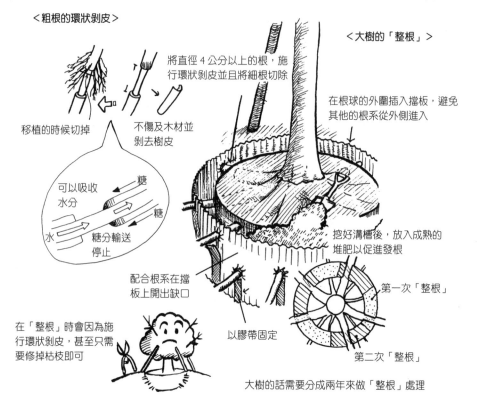

＜粗根的環狀剝皮＞

將直徑 4 公分以上的根，施行環狀剝皮並且將細根切除

移植的時候切掉

不傷及木材並剝去樹皮

可以吸收水分

糖

糖

水

糖分輸送停止

＜大樹的「整根」＞

在根球的外圍插入擋板，避免其他的根系從外側進入

挖好溝槽後，放入成熟的堆肥以促進發根

第一次「整根」

配合根系在擋板上開出缺口

在「整根」時會因為施行環狀剝皮，甚至只需要修掉枯枝即可

以膠帶固定

第二次「整根」

大樹的話需要分成兩年來做「整根」處理

特殊的發根處理

在「整根」的時候，會在根的斷面以及環狀剝皮後靠近樹幹的部分塗上發根劑，常用的發根劑裡面含有一種叫生長素的植物賀爾蒙，能夠促進細胞分裂。

此外，以成熟的優良堆肥塞滿切口或是環狀剝皮的部位，堆肥除了可以提供養分來促進發根之外，在堆肥慢慢被分解時釋放出的微量植物賀爾蒙，也有促進發根的效果。

在「整根」作業結束，將土壤回填時，以稀釋的液態肥料代替水潤濕根球的話，也能達到促進發根的作用。

種植與移植的方法（3）
種植之前的修枝與樹幹包覆

種植之前要避免高強度修枝

一般在移植樹木前會修去大部分

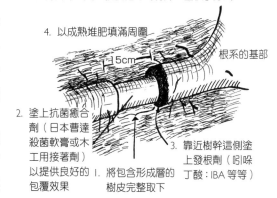

環狀剝皮時，實施發根處理的特殊「整根」方式

4. 以成熟堆肥填滿周圍

15cm

根系的基部

2. 塗上抗菌癒合劑（日本曹達殺菌軟膏或木工用接著劑）以提供良好的包覆效果

1. 將包含形成層的樹皮完整取下

3. 靠近樹幹這側塗上發根劑（吲哚丁酸：IBA 等等）

的枝條，因為根系被切斷，水分的吸收效率變差，必須剪掉樹葉來平衡水分的吸收與蒸散。

但是實行高強度修枝時，用來生產發根所需的糖分、胺基酸、植物賀爾蒙以及維他命的葉子所剩無幾，生產能力也會明顯下降。為此就需要將樹幹、粗根、大枝條裡面蓄積起來的能量全部拿出來用，同時也要用來生長新的枝枒以及根系，對樹木來說是相當大的消耗。如果樹木本身還保有足夠能量的話，就能夠在枯死前長出

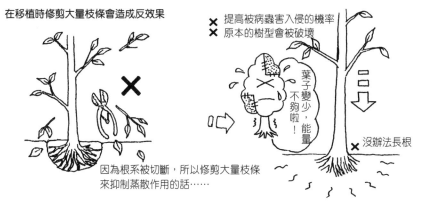

在移植時修剪大量枝條會造成反效果

✕

因為根系被切斷，所以修剪大量枝條來抑制蒸散作用的話……

✕ 提高被病蟲害入侵的機率
✕ 原本的樹型會被破壞

葉子變少，能量不夠啦！

✕ 沒辦法長根

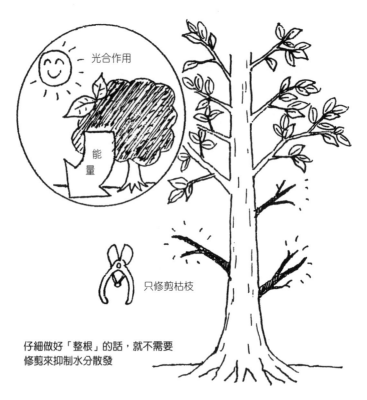

光合作用

能量

只修剪枯枝

仔細做好「整根」的話，就不需要修剪來抑制水分散發

新的根系與葉子，但是用來癒合大傷口以及用來製作抵禦病原菌入侵的防禦壁的能量就所剩無幾。因此很容易發生胴枯病，並且從傷口入侵、擴散，進而開始腐朽，原本移植前的雄偉樹型消失殆盡，變成苟延殘喘的樹木。移植的時候要盡可能避免修枝，盡量保留枝葉。可以的話，盡量在不修枝的狀態下進行移植。透過環狀剝皮或是特殊的發根處理效果會更好。就算是移植木，保持樹型也是很重要的。

雖然有些樹種例外，但大部分的樹在根系被切除後，其對應的枝條也會跟著枯死，所以人類要從旁預測切斷哪些根系是十分困難的。然而，只要在「整根」後給予足夠的時間再進行移植，就幾乎不需要修枝來抑制水分蒸散。只需要將妨礙施工，或是已經枯死的樹枝除去即可。

留下越多枝條及葉子，就能夠生產更多發根所必須的糖分等物質。

為了防止蒸散及曬傷，必須要進行樹幹包覆

樹木在移植的時候會用草蓆或麻布包覆，在以前則是使用泥巴來塗滿樹幹表面。

樹幹包覆的目的是防止水分從樹皮蒸散，保護樹皮不被強烈的日光曬傷。此外，在移植作業進行時也很容易傷到樹幹，樹幹包覆也能多達到一層保護的作用。

不過，出現類似曬傷的溝腐症狀其實不只是因為陽光，修枝造成的能量不足，或是從枝條傷口入侵的胴枯病菌、腐朽菌也是原因之一。尤其是粗大的枝條被修剪時，對下方組織的能量供給不足，對病原菌的抵抗能力也會隨之下降，更容易發生溝腐症狀。

樹幹包覆沒有辦法防止這種溝腐症狀，而且會阻礙樹皮木栓層內部的皮層進行光合作用，並且妨礙休眠芽的發芽以及生長。

所以在移植之後，只要確定樹木存活，就應該盡可能提早將包覆樹幹用的材質全部取下。

為什麼要進行樹幹包覆呢？

只要確定活著，就把包覆材全部拿掉吧！

不能種太深

種太深的話根系會因為缺氧而腐爛

　　根系需要大量氧氣才能夠存活，如果像圖中①一樣的話就種太深了，根系會吸收不到足夠氧氣。種植之後在樹幹基部堆上厚厚的土壤也是一樣意思。地面淺層跟地面深處所含有的氧氣量有如天壤之別，種太深的話會在靠近表層的地方長出新的根系來維持生命，而原本在深處的根系則會腐爛。結果就是樹的狀況會漸漸衰弱。

　　深植也無所謂的樹，大多是在被種植之後，直接從土壤中的樹幹上長出新的根。這種情況被稱為二段根。不過，在氣候乾燥、排水良好的地方的話，不以圖①的深度去種植植物就活不了的情況也是存在的。

　　一般來說，種植的深度以圖中②為佳，圖中③是在排水不良的環境下會使用的對策。在根球的附近堆上大量土壤，是為了讓根系能夠完整生長。

要種多深呢？

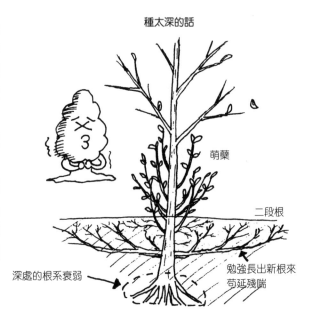

種太深的話

萌蘗

二段根

深處的根系衰弱

勉強長出新根來苟延殘喘

不同樹種對氧氣需求量也不同

大氣中二氧化碳的濃度大約是0.036%，淺層土壤中的濃度可以到達 0.3%，深層土壤更可以高達 3%，比起大氣中的濃度要高上 10 ～ 100 倍之多。但是，土壤中空氣所含的氧氣濃度也會相對減少。一般來說，土壤空氣的二氧化碳濃度高於 3% 的時候，根系就難以存活。

不同樹種的根對氧氣的需求量也有差異；舉例來說，柳樹這一類的樹種就算土壤中幾乎沒有空氣，只要水中溶有氧氣就可以生存。反面的例子像是赤松，土壤中要是沒有足夠孔隙來形成大量氧氣的話，細根就會死亡。

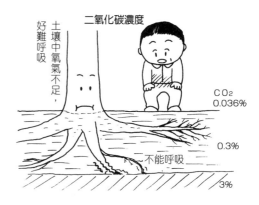

二氧化碳濃度

土壤中氧氣不足 好難呼吸

不能呼吸

CO2 0.036%

0.3%

3%

透過與菌根菌共生，來深入土壤的赤松

對氧氣需求量大的赤松，只要能夠跟菌根菌（譯註：能與根系共生的真菌）共生，生活就會大大改變。就算在排水不良的地方生長的赤松，只要能夠跟菌根菌共生，就可以透過外生菌根（譯註：與根系共生的真菌，共生時不會入侵根部細胞內部，僅伸入細胞間隙）覆蓋在細根上形成菌鞘，並再透過菌絲穿過土壤縫隙伸到土壤表層，吸收溶有大量氧氣的水分，才能在排水不良的地區生存。

在土壤條件良好的環境下，赤松本身的根系不會發展得太好，但是與之共生的菌根會很發達。

常見的外生菌根有松茸、紅汁乳菇、松露、牛肝菌、鴻禧菇等等，只要根系能跟外生菌根結合，對氮跟磷的吸收效率會顯著提升。此外，菌根菌所合成的細胞生長素、吉貝素，以及細胞因子等等植物賀爾蒙，都可以改善共生樹的發育狀態。

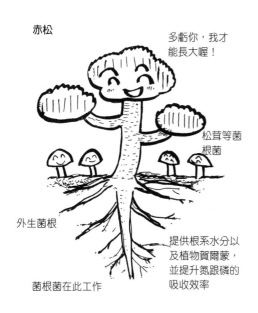

赤松

多虧你，我才能長大喔！

松茸等菌根菌

外生菌根

提供根系水分以及植物賀爾蒙，並提升氮跟磷的吸收效率

菌根菌在此工作

這裡變成支點，更容易裂開

不能放支柱的位置

種植與移植的方法（5）

支柱造成的悲劇

　　支柱的擺放方式錯誤的話，很容易造成樹幹或枝條龜裂，或是支柱跟綑綁用的麻繩被樹木包埋。麻繩被樹木包埋之後，包埋的部位會變粗，但是麻繩與木材並不連接，所以相當於形成一個環狀的空洞，這些地方就會變成力學上的弱點，特別容易折斷（參見 26 頁）。

支柱要避開樹枝轉彎的位置

　　常常會看到有人把支柱擺在橫向生長的樹枝轉彎朝上生長的部位，但如果受到強風或積雪等等這些比較大的力量作用時，支柱就會變成槓桿的支點，支柱以外的枝條會向下彎折，可能會造成軸向的龜裂。這種狀況下，以複數的支柱支撐，會是比較好的選擇。

這種情況下，使用複數支柱比較好

長時間使用支柱的話，樹根及樹幹都會長不好

根系功能不只是吸收水分和養分，還有支持整棵樹、維持平衡的功能。樹幹也不只是水分和養分的通道，還肩負支撐整個樹冠的重任。

如果樹幹長時間有支柱協助固定的話，根系會認為沒有必要生長更多根系來維持平衡而導致根系生長趨緩，一旦支柱被撤除，就會很容易被強風吹倒。另外，如果支柱緊密的貼住樹幹固定的話，受風吹影響搖晃的只有支柱以上的部位，支柱以下的木材就會因為沒有必要而減緩生長。

受到支柱影響，只有支柱以上的部位長得較粗還有另一個原因，是因為樹木的韌皮部受到壓迫，養分沒有辦法完整送到支柱以下的部位以及根部，所以支柱以上的部位所得的養分比正常情況下要多，也因此生長速度會有更大的差異。

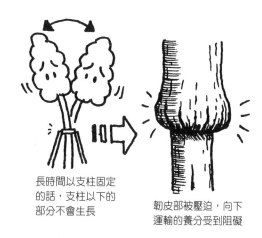

長時間以支柱固定的話，支柱以下的部分不會生長

韌皮部被壓迫，向下運輸的養分受到阻礙

支柱被樹幹包覆

長時間以支柱支撐樹幹的話，在初期樹幹會為了排除異物而在接觸處加速生長，發現無法排除的話，就會在接觸處的上下加速生長準備將異物包覆。如果在樹木包覆到一半的時候將支柱移除，樹木會為了避免折斷而急遽加速在最細部分的生長速度，原本碰到支柱的部分甚至有可能長得比其他部分更粗。

支柱會有讓根系發展遲緩的副作用，所以根系穩定後應該盡速移除。

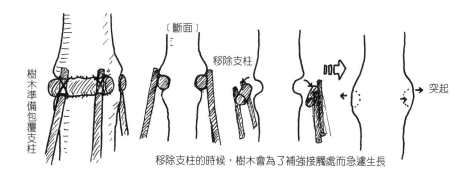

樹木準備包覆支柱

〔斷面〕　移除支柱

突起

移除支柱的時候，樹木會為了補強接觸處而急遽生長

纜繩比木頭好

樹木的支撐方式有
分兩種，一種是用木頭
從下方往上支撐，另一
種是用纜繩從側面協助
平衡。纜繩支撐法比木
頭要好的一點，是由於
纜繩在綑綁時會稍微放
鬆，不會讓纜繩呈緊繃
狀態，如此的話當樹木
被風吹拂的時候有搖擺
的空間，樹木感應到這些應力後就
會促進根系生長。

相對的，用木頭支柱支撐的話，
支柱與樹幹接觸處以下的部位完全
不會搖動，樹木也會因此放緩根系
的成長。

長遠來看，以纜繩法支撐的樹木
會有比較完整健康的根系。但是為
了避免木頭支柱或是纜繩被樹
木包埋，時常需要更換綑綁、
支撐的位置，或是暫時取
下。只要根系發展到足夠
的地步時，還是應該取
下為上。

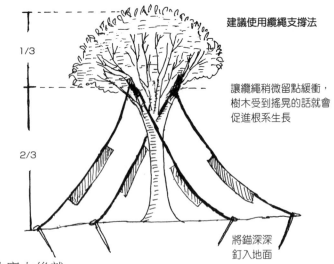

建議使用纜繩支撐法

讓纜繩稍微留點緩衝，
樹木受到搖晃的話就會
促進根系生長

將錨深深
釘入地面

只有被支撐的部分伸長的枝條

如果以橫向的支柱來支撐枝條的
話，該枝條通常會持續向外生長，
因為被支柱支撐著，受到風吹等影
響較小，樹木就會將該枝條延伸到

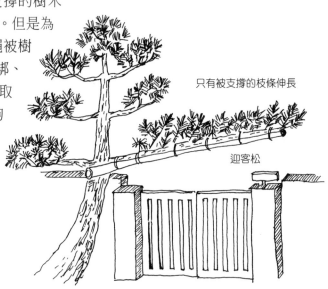

只有被支撐的枝條伸長

迎客松

更長的地方。這是由於抑制枝條生長、避免搖晃的乙烯（植物賀爾蒙）生產量減少的緣故，枝條也因此可以長得更長。在日式建築的門上方常可見到黑松或是羅漢松的枝條延伸到門的上方，這是以竹竿等物協助枝條固定，促進枝條延伸下的產物，只要以竹竿不斷向前支撐固定，樹幹或枝條有了支撐，就可以不斷向前生長。

防止分岔部位裂開的支柱

雙生樹幹的分岔處，或是幹與枝條的分岔處，有時會發生內夾皮的現象（參照46～47頁）。出現內夾皮現象的分岔處，樹幹與枝條的木材並沒有連結，在力學上十分脆弱，受到風吹或是積雪就很容易裂開。為了避免裂開，需要在兩根樹幹或是樹幹與枝條間以纜繩固定，並且在分岔處插入鐵棒並以螺帽固定。

在樹幹中插入鐵棒的作法在歐美行之有年，但是在種樹多為造園綠化的日本則十分少見。不過，在果樹園等處則偶爾能見。

這種作法如果用在狀況較差的樹上的話，不僅樹木無法將螺帽處包覆，還會變成腐朽入侵的入口。令人遺憾的是，果樹園為了在開花結果時便於收穫，會時常實行高強度的修枝來維持較低的樹高，也因此造成大多數的果樹狀況不佳，插入鐵棒避免樹幹裂開的同時，也時常為胴枯病打開入侵的大門。

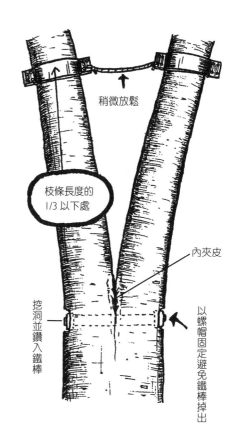

稍微放鬆

枝條長度的
1/3以下處

內夾皮

挖洞並鑽入鐵棒

以螺帽固定避免鐵棒掉出

⑥ 正確與錯誤的修枝方式

會讓樹木受傷的高強度修枝

高強度修枝造成樹木生病

經常可以看到庭園樹或是行道樹被大幅度的修枝，並且留下很大的傷口。常常有人認為，對樹木進行修枝的話，具有再生能力的枝條與樹根可以自行長回來，所以被切掉也沒有關係。亂長的樹很難看、樹木一定要有特定的形狀、長太大的話會很難剪，當然要在好修枝的時候盡量剪。或是覺得把粗大的枝條剪掉後長出來的萌芽枝看起來比較旺盛，抑或是樹木會越剪越健康的想法也時有所聞。

對樹木來說，樹葉、枝條、樹幹、樹根都是非常重要的，缺少每個部位都有可能造成生命危險。其中，葉子為整棵樹木提供生存所需的能量，如果修剪過多樹葉的話，會讓樹的狀況變弱，整體對病蟲害的抵抗能力也會下降。樹木會長出大量幹生枝就是因為感受到樹葉缺少的危機，趕緊使用體內蘊藏的能量長出新葉，所以看到大量幹生枝，就代表這棵樹其實狀況十分危急。

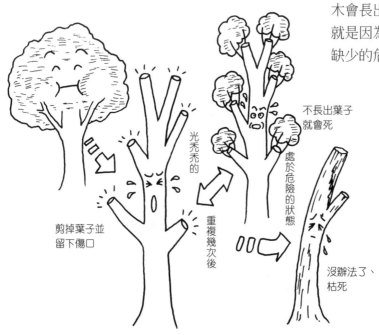

剪掉葉子並留下傷口

光禿禿的

重複幾次後

不長出葉子就會死

處於危險的狀態

沒辦法了、枯死

修枝時剪去大量樹葉，會讓樹的狀況變弱

連續的高強度修枝，會讓樹木儲蓄的能量消耗殆盡，最後連長出幹生枝或萌蘗的能力都沒有的時候，就只能走向枯死一途。

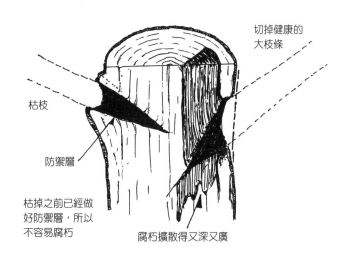

切掉健康的大枝條

枯枝

防禦層

枯掉之前已經做好防禦層，所以不容易腐朽

腐朽擴散得又深又廣

為什麼把大枝條切掉以後很容易腐朽呢？

健康的大枝條上面會有很多葉子，葉子會行光合作用，形成糖分或澱粉、胺基酸、酵素、植物賀爾蒙以及維他命等等維持生存所必需的養分，並且輸送到樹幹給其他部位。如果大枝條被切除了，該枝條下方的組織都會陷入營養不足的狀態。如果樹幹周圍能夠馬上得到養分補給的話還好，如果持續養分不足，枝條下方的部位就會受到病原菌入侵，並且呈現溝狀的腐朽。

自然狀態下，樹木在成長過程會經歷無數次枝條脫落，如果在枝條脫落時，病原菌從傷口入侵的話，這棵樹就沒有辦法長大。

因此，樹木會努力阻止病原菌入侵體內，像是從枝條的基部開始構成的防禦層（參照 126 頁）。這層防禦層是利用累積酚類、多酚類及萜類等

物質來防禦腐朽菌。

樹木會從不健康的枝條中回收氮元素以及礦物質，並且在枝條的基部做出防禦層，一旦防禦層完成，水分的輸送也會被阻斷，枝條會枯死得更快。也就是說，樹木會主動讓衰弱的枝條枯死。枝條一旦變弱，從枝頸附近就會開始改變組織的排列，讓枝條下方的樹幹也能夠得到營養供給。

人們要修剪健康的大枝條時並無法事先告知，所以樹木沒有辦法事先做好防禦壁。因此，依賴這個枝條獲取養分的部位都會無法得到養分，沒有體力抵禦病蟲害，就更容易讓病原菌從傷口入侵。

截頂會造成樹幹腐朽，根系也跟著枯死

最過分的修枝是把樹幹直接攔腰斬斷，這種情況被稱作截頂，最近常可以在住宅周邊看到被腰斬的大樹。落葉很煩、陽光被擋住、烏鴉築巢、幼鳥的糞便掉在車上，因為種種理由而將大樹直接斬斷。

如果是筆直生長，在 10 公尺左右高度才分枝的大櫸木被截頂的話，就不會剩下任何枝條跟葉子。這時候櫸木會長出很多幹生枝，但還是沒辦法供給全部所需的能量。於是從被切斷的地方開始向下 10 ～ 20 公分的範圍會枯死，只剩下能獲得幹生枝所提供的養分的部分能夠存活，其他部位則會開始出現溝狀腐朽。

從外面看不見的，是中心部木材的腐朽正在進行，空洞化也正在運作。土壤中的粗根也會因為沒有足夠能量而枯死，失去支撐的樹幹傾倒的可能性也大為提升。將樹木截頂是非常過分的事。

雜木林中的殼斗科植物常會被作為薪炭材伐採，此時伐採會盡量往低處進行。因為留下的根株雖然會腐朽，但是隨後長出的萌蘗則不會，也不用擔心會有樹幹傾倒的問題。

徒長枝也不能隨意修剪

修枝之後很容易看到又細又直又長得快的枝條出現，這些就被稱為徒長枝。徒長枝不僅會破壞樹型，也沒有花芽，因此多數人會選擇馬上再剪掉，但是剪得太多的話還是會對樹木造成傷害。

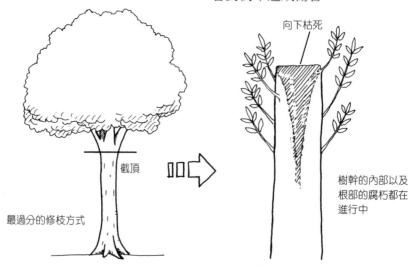

最過分的修枝方式　截頂

向下枯死

樹幹的內部以及根部的腐朽都在進行中

舉例來說，梅樹有分長枝跟短枝。長枝一般不會有花芽，所以也會被稱為徒長枝。也因為枝條不會開花，所以會被修枝。但是這些徒長枝對樹木來說是非常重要的，徒長枝會長出較大的葉子，以提升光合作用的效率，是提供能量的重要部位。短枝雖然會開花結實，但也正為了開花結果而消耗了大量的養分。短枝是消費大於生產的枝條，樹木就是為了補償這些消耗的能量，才會長出徒長枝來產生能量。

如果在晚秋到冬天之間將徒長枝切除，只留下有花或有果的枝條，樹的狀況會急遽變差，最後連花跟果的狀態也會變差。

避免徒長枝出現的修枝方式

徒長枝是因應被修枝之後失去葉子跟芽，用於補償所失而急忙長出的枝條，對樹木來說十分重要。所以不應該將徒長枝全部去除，而是在考量日照環境的前提下分次修剪，最少也要留下30%的徒長枝。如果樹的狀況較差的話應保留較多徒長枝，等待數年後狀況恢復，再修剪到只剩健康的枝條。

如果是庭園木的情況，徒長枝會破壞整體樹型，讓外觀變得難看，此時就要在晚秋到冬天之間，留下枝條基部的2～3個芽點後將其他部分修剪，再以這些芽長出的枝條去塑造樹型。

不管以什麼方法，在修枝後長出徒長枝，進而對樹木造成負擔，都是不良的修枝方式。但是，像前述的疏剪法由於會保留較多葉子跟芽，所以不太會出現徒長枝（參照135頁）。

不太會開花，但是可以生產大量糖分　　　　徒長枝

將糖分及胺基酸輸送到花跟果實

短枝

把徒長枝切掉的話，果實會長不好

高強度修枝之後會長出大量徒長枝；如果因為外觀不良而全部修剪掉的話，樹的狀況會變差

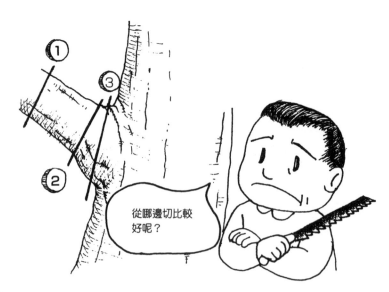

正確與錯誤的修枝方式（2）

枝條與樹幹的正確修剪位置

能加速傷口癒合的正確修枝位置

　　樹幹在分出枝條以後，會將彼此的組織結合並且開始肥大生長，樹幹常常會在交界處增生組織來支撐枝條（參照45頁）。枝條枯死的時候，該枝條直到與樹幹相接的界線為止都會枯死。所以在切除枝條時，找到正確的界線②來下刀是很重要的。

　　如果在①的線上下刀的話，樹幹組織在癒合傷口的時候會由於殘存的枝條而無法完全癒合，當枝條腐朽之後，菌類的繁殖速度加快，就有可能突破枝條與樹幹間的防禦層。狀況較佳的樹或許有辦法可以抵擋，

一旦防禦失敗，就會讓木材腐朽菌進到樹幹內部。

　　從③的位置下刀雖然看起來整齊，但事實上會傷害到樹幹的組織，不僅留下很大的傷口，樹木也很難將之癒合，很容易變成病原菌入侵的管道，接著就會發生溝腐症狀或胴枯病。在切下枝條後，連本來能形成的防禦層都沒有辦法完成。

考量到傷口癒合以及防禦層的構築，從②下刀是正確答案

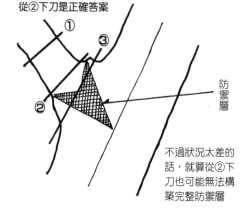

防禦層

不過狀況太差的話，就算從②下刀也可能無法構築完整防禦層

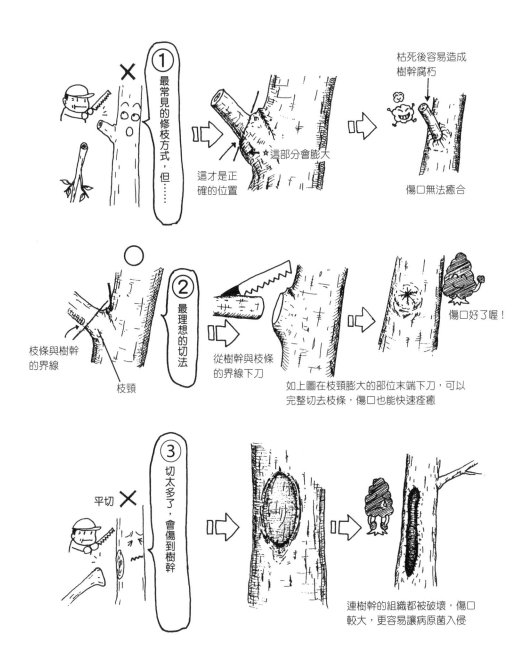

①
最常見的修枝方式，但……

這才是正確的位置

☆這部分會膨大

枯死後容易造成樹幹腐朽

傷口無法癒合

②
最理想的切法

枝條與樹幹的界線

枝頸

從樹幹與枝條的界線下刀

如上圖在枝頸膨大的部位末端下刀，可以完整切去枝條，傷口也能快速痊癒

傷口好了喔！

③
切太多了，會傷到樹幹

平切

連樹幹的組織都被破壞，傷口較大，更容易讓病原菌入侵

從②下刀是最好的，但是如果樹的狀況太差，還是有可能讓病原菌入侵。修剪掉活著的枝條對樹木來說是很難受的，對狀況較差的樹木來說更是，每根枝條都要好好珍惜。

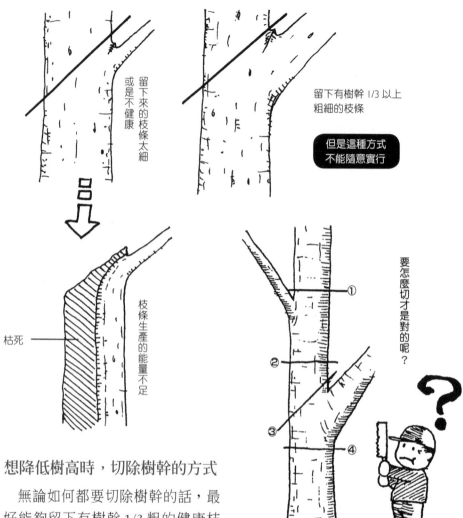

留下來的枝條太細
或是不健康

留下有樹幹 1/3 以上
粗細的枝條

**但是這種方式
不能隨意實行**

枯死

枝條生產的能量不足

要怎麼切才是對的呢？

① ② ③ ④

想降低樹高時，切除樹幹的方式

無論如何都要切除樹幹的話，最好能夠留下有樹幹 1/3 粗的健康枝條。留下的枝條如果太細或是不健康，枝條相對側的樹皮就會因為養分供給不足而枯死。

此外，切除的位置要跟留下來的枝條角度呈平行，也就是斜向切除樹幹的話，枝條行光合作用產生的產物就會比較容易運送到傷口四周來協助癒合。縱然如此，這種方式還是不能隨意實行。樹木其自然的樹型就是最美的，功能性也是最完善的。

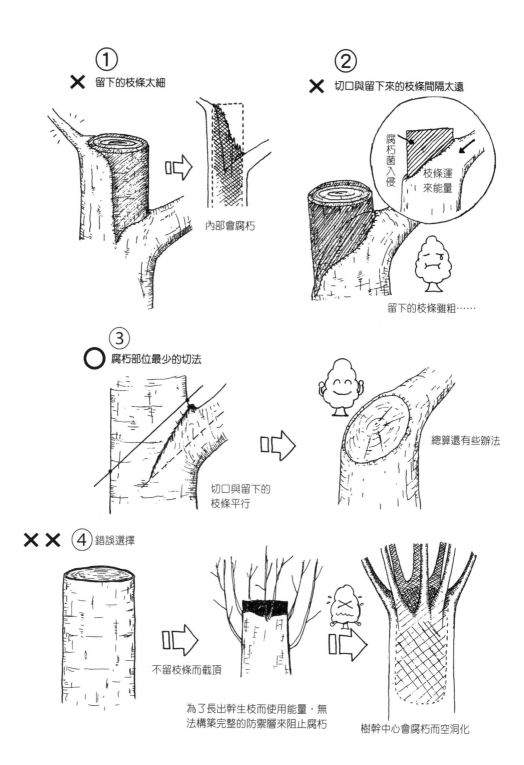

① ✗ 留下的枝條太細

內部會腐朽

② ✗ 切口與留下來的枝條間隔太遠

腐朽菌入侵

枝條運來能量

留下的枝條雖粗……

③ ⭕ 腐朽部位最少的切法

切口與留下的枝條平行

總算還有些辦法

④ ✗✗ 錯誤選擇

不留枝條而截頂

為了長出幹生枝而使用能量，無法構築完整的防禦層來阻止腐朽

樹幹中心會腐朽而空洞化

不隨意修剪萌蘗，讓樹幹能夠更新生長

長出幹生枝及萌蘗的理由

萌蘗及幹生枝在外觀上不好看，或是因為長出幹生枝，使得水分不再繼續向上輸送而讓上部枝條枯死，因為種種理由，常常會把幹生枝及萌蘗給修剪掉。不過樹木一旦長出幹生枝，代表上方的枝葉已經不再健康，光合作用效率下降，為了維持樹幹、大枝條以及根系，才會趕緊使用蓄積的養分長出幹生枝來補足光合作用不足的缺口。所以，將萌蘗及幹生枝去除的話，可能會讓樹的狀況變得更差。

將樹木努力長出的萌蘗或幹生枝切除的話，除了原本能量就不足外，還要再花費一次能量長出新的萌蘗或幹生枝，樹木也會因此更加衰弱。

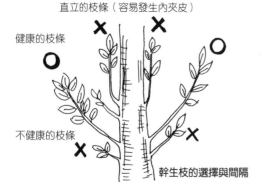

直立的枝條（容易發生內夾皮）

健康的枝條

不健康的枝條

幹生枝的選擇與間隔

幹生枝或萌蘗是樹木發出的求救訊號

幹生枝（從樹幹長出樹枝）

不定芽

休眠芽

長出休眠芽的位置

不要隨便切掉喔！

透過土壤改良等方式提高樹木活力的話，就不會長出幹生枝了

如果能夠改良土壤或是促進發根，提升樹木的活力，就可以不用依靠萌蘗或幹生枝來提升樹的狀況，因此樹冠有著茂密的樹葉、樹幹，或者是沒長樹葉的大枝條雖然沒有被陽光照到，但卻代表上方樹葉充足，不需要多長新的樹葉來補充，也就不會再長出幹生枝了。

如果樹的狀況太差，不見好轉的話，就要保留萌蘗及幹生枝，等待數年後選擇較有活力的枝條，以及把不會發生內夾皮的枝條留下，並去除其他枝條，將留下的枝條好好培育。

透過萌蘗更新樹幹的方法

　　透過培育從根株長出的萌蘗，可以得到多生木。一般來說，萌蘗會同時大量發生，所以要在幾年內選好要留下的萌蘗。

　　如果選擇從根株最高處長出的萌蘗，根株腐朽時中心會出現空洞，容易讓木材腐朽菌入侵。此外，樹幹之間太近的話也容易發生內夾皮。從最低的位置長出的萌蘗不太會被木材腐朽菌入侵，根部也會相對穩定，也不用擔心內夾皮發生。

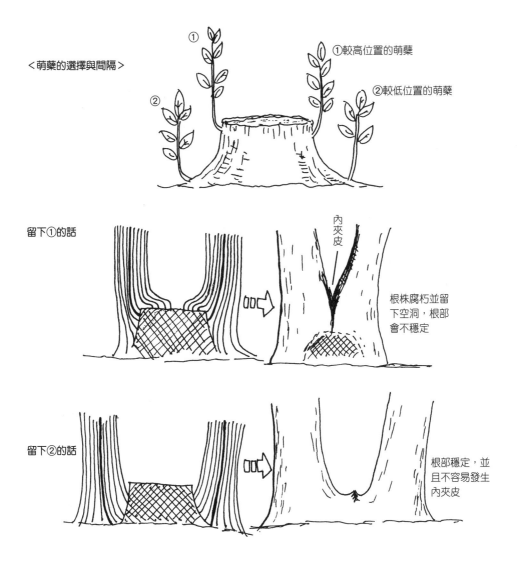

<萌蘗的選擇與間隔>

①較高位置的萌蘗

②較低位置的萌蘗

留下①的話

內夾皮

根株腐朽並留下空洞，根部會不穩定

留下②的話

根部穩定，並且不容易發生內夾皮

附綠① 參考書目

　　以下介紹能夠讓讀者作為參考的日文圖書。筆者（堀）的好友——德國卡爾斯魯厄研究中心的 Claus Mattheck 教授的書中有著他優秀的自繪圖片，能夠在閱讀本書時協助理解內容，因此也一併介紹。

- M.F.Allen 著，中坪孝之、堀越孝雄譯（1995）《菌根の生態学》（菌根的生態學）共立出版

- 深澤和三（1997）《樹体の解剖－しくみから働きを探る》（樹木的解剖－從構造來理解功能）海青社

- 高爾夫選手的綠化促進協會編（1995）《緑化樹木の樹勢回復》（綠化樹木的樹勢回復）博友社

- 原襄、福田泰二、西野栄正（1986）《植物觀察入門》培風館

- 堀大才（1999）《樹木医完全マニュアル》（樹木醫完全手冊）牧野出版

- 堀大才監修、岩谷美苗編著（1999）《木の医者さんになってみよう》（試著當個樹醫生吧）日本樹木醫會

- 堀大才監修、岩谷美苗編成（1999）《增補版木を診る木を知る》（增補版・診斷樹木與了解樹木）日本綠化中心

- 市原耿民、上野民夫編（1997）《植物病害の化学》（植物病害的化學）學會出版中心

- 石川統編（2000）《アブラムシの生物学》（蚜蟲生物學）東京大學出版會

- 川上幸男（1996）《不思議な花々のなりたち》（花朵不可思議的形成方式）アボック社出版局

- 岸國平編（1998）《日本植物病害大事典》（日本植物病害全集）全國農村教育協會

- 小林富士雄、竹谷昭彦編（1994）《森林昆虫》（森林昆蟲）養賢堂

- 小林富士雄、滝沢幸雄（1997）《緑化木、林木の害虫》（綠化木與林木的害蟲）養賢堂

- 小林享夫（1996）《庭木、花木、林木の病害》（庭園木、觀賞木與森林的病害）養賢堂

- 小林享夫、佐藤邦彦、佐保春芳、陳野好之、寺下隆喜代、鈴木和夫、楠木学、大宜見朝栄（1986）《新編樹病学概論》（新編樹木病理學概論）養賢堂

- 河野昭一監修（2001）《Newton 植物の世界樹木編》（Newton 植物的世界樹木篇）ニュートンプレス

- 京都大學木質科學研究所編（1994）《木のひみつ》（木材的秘密）東京書籍

- 久馬一剛、佐久間敏雄、庄子貞雄、鈴木皓、服部勉、三木正則、和田光史編（1993）《土壌の事典》（土壌辭典）朝倉書店

- 真宮靖治編（1992）《森林保護学》（森林保護學）文永堂出版

- Claus Matlheck、Hans Kubler 著 堀大才、松岡利香譯（1999）《材一樹木のかたちの謎》（木材－樹木形狀之謎）青空計畫研究所

- Claus Mattheck 著 堀大才、三戸久美子譯（1996）《シュトゥプシの樹木入門》（Stupsi 的樹木入門）日本樹木醫會

- Claus Mattheck、Helge Breloer 著，藤井英二郎、宮越リカ譯（1998）《樹木からのメッセージ—樹木の危険度診断》（樹木傳達的訊息—樹木的危險度診斷）誠文堂新光社

- 森田茂紀、阿部淳等編（1998）《根の事典》（根的辭典）朝倉書店

- 日本林業技術協會編（1996）《森の木の 100 不思議》（森林的 100 個不可思議）東京書籍

- 日本林業技術協會編（2001）《森林・林業百科事典》（森林・林業百科辭典）丸善

- 日本緑化中心編（2001）《最新・樹木医の手引き》（最新樹木醫導覽）日本緑化中心

- 日本緑化中心編（2001）《樹木診断様式試案改訂 II 版》（樹木診斷方針修正二版）日本緑化中心

- 西村正暘、大内成志編（1990）《植物感染生理学》（植物感染生理學）文永堂出版

- 太田猛彦、北村昌美、熊崎実、鈴木和夫、須藤彰司、只木良也、藤森隆郎編（1996）《森林の百科事典》（森林百科全書）丸善

- 小川真（1980）《菌を通して森を見る》（透過菌類來看森林）創文

- Werner Rauh 著 中村信一、戸部博譯（1999）《植物形態の事典》（植物型態辭典）朝倉書店

- 酒井昭（1982）《植物の耐凍性と寒冷適応－冬の生理・生態学》（植物的耐凍性與寒冷適應）生態學學會出版中心

- 佐藤満彦（2002）《植物生理生化学入門—植物らしさの由来を探る》（植物生理化學入門－探討植物的發展）恆星社厚生閣

- Alex Shigo 著 堀大才監譯、日本樹木醫譯編（1996）《現代の樹木医学》（現代的樹木醫學）日本樹木醫會

- Alex Shigo 著 堀大才、三戸久美子譯（1997）《樹木に関する 100 の誤解》（對樹木的 100 個誤解）日本綠化中心

- 島地謙、佐伯浩、原田浩、塩倉高義、石田茂雄、重松賴生、須藤彰司（1985）《木材の構造第 5 版》（木材的構造第五版）文栄堂出版

- 清水建美（2001）《図説植物用語辞典》（圖解植物用語）八坂書房

- 鈴木英治（2002）《植物はなぜ 5000 年も生きるのか》（植物為什麼能活 5000 年？）講談社ブルーバックス

- 高橋英一（1994）《「根」物語－地下からのメッセージ》（根物語－藏在地下的訊息）研成社

- Peter Thomas 著 熊崎実、浅川澄彦、須藤彰司譯（2001）《樹木学》（樹木學）築地書館

- 土橋豊（1999）《ビジュアル園芸・植物用語事典》（視覺園藝・植物用語辭典）家之光協會

- 塚谷裕一（2001）《植物のこころ》（植物的心）岩波新書

- 湯川淳一、桝田長編著（1996）《日本原色虫えい図鑑》（日本原色蟲圖鑑）全國農村教育協會

- 渡辺新一郎（1996）《巨樹と樹齢－立ち木を測って年輪を知る樹齢推定法－》（大樹與樹齡－測定一棵樹的年輪來知道樹齡的推測法）新風舍

【與 Prof. Dr. Claus Mattheck 的樹木力學相關圖書】

- C. Matteck (1991) 'Trees, the mechanical design'. Springer. Heidelberg

- C. Matteck & H. Breloer (1994) 'The body language of Trees-A handbook for failure analysis'. HMSO

- C. Matteck & H. Kubler (1995) 'Wood-The Internal Optimization of Trees'. Springer Heidelberg

- C. Matteck (1998) 'Design in Nature-Learning from Trees'. Springer Heidelberg

- C. Matteck (1999) 'Stupsi explains thee- a hedgehog teaches the body language of trees'. 3rd enlarged edition. Forschungszentrum Karlsruhe

- K. Weber & C. Matteck (2001) 'Taschenbuch Der Holzfaulen Im Baum'. Forschungszentrum Karlsruhe

- C. Matteck (2002) 'Tree Mechanics-explained with sensitive words by Pauli the Bear'. Forschungszentrum Karlsruhe

附錄② 樹木學名對照表

八角金盤	學名：*Fatsia japonica*	日本五葉松	學名：*Pinus parviflora*
三角楓	學名：*Acer buergerianum*	日本石柯	學名：*Lithocarpus edulis*
千金榆	學名：*Carpinus cordata*	日本冷杉	學名：*Abies firma*
大山櫻	又稱紅山櫻，在北海道分布則又稱蝦夷櫻 學名：*Cerasus sargentii* (Rehder) H.Ohba, 1992	日本辛夷	學名：*Magnolia kobus*
		日本厚朴	學名：*Magnolia hypoleuca*
		日本扁柏	學名：*Chamaecyparis obtusa*
大紅楓	學名：*Acer palmatum* var. *amoenum*	日本柳杉	簡稱柳杉，學名：*Cryptomeria japonica*
大島櫻	學名：*Cerasus speciosa* (Koidz.) H.Ohba, 1992	日本常綠橡樹	學名：*Quercus acuta*
大葉冬青	學名：*Ilex latifolia*	日本紫珠	學名：*Callicarpa japonica*
大櫟	學名：*Quercus crispula* Blume	日本落葉松	學名：*Larix kaempferi*
		日本榧樹	學名：*Torreya nucifera*
小果珍珠花	學名：*Lyonia ovalifolia* var. *elliptica*	日本橙木	學名：*Alnus japonica*
小葉桑	學名：*Morus australis*	月桂樹	學名：*Laurus nobilis*
山桐子	學名：*Idesia polycarpa*	木瓜海棠	學名：*Pseudocydonia sinensis*
山楓	學名：*Acer palmatum* subsp *matsumurae* (Koidz) Ogata		
		木芙蓉	學名：*Hibiscus mutabilis*
山櫻	學名：*Cerasus jamasakura* (Siebold ex Koidz.) H.Ohba, 1992	木蘭	學名：*Magnolia liliiflora*
		毛赤楊	學名：*Alnus maximowiczii*
丹桂	學名：*Osmanthus fragrans* var. *aurantiacus*	毛漆樹	學名：*Toxicodendron trichocarpum*
太平山冬青	學名：*Ilex sugerokii* Maxim. var. *brevipedunculata*	瓜膚楓	學名：*Acer rufinerve*
		白玉蘭	學名：*Magnolia denudata*
日本七葉樹	學名：*Aesculus turbinata*	白樺	學名：*Betula platyphylla*
日本山毛櫸	學名：*Fagus crenata* Blume	白櫟木	學名：*Quercus alba*

石楠花	學名：*Rhododendron hybrids*	珊瑚樹	學名：*Viburnum odoratissimum*
石榴	學名：*Punica granatum*	胡桃屬	學名：*Juglans*
交讓木	學名：*Daphniphyllum macropodum*	香椿	學名：*Toona sinensis*
多花紫藤	學名：*Wisteria floribunda* (Willd.) DC.	唐檜	學名：*Picea jezoensis* var. *hondoensis*
朴樹	學名：*Celtis sinensis*	夏山茶	學名：*Stewartia pseudocamellia*
江戶彼岸櫻	學名：*Cerasus spachiana Lavalee* ex H.Otto var. *spachiana forma ascendens* (Makino) H.Ohba, 1992	庫頁冷杉	學名：*Abies sachalinensis*
		栓皮櫟	學名：*Quercus variabilis* Blume
色木槭	學名：*Acer mono*	桃樹	學名：*Prunus persica*
赤松	學名：*Pinus densiflora*	桉樹	屬名：*Eucalyptus*
赤蝦夷松	學名：*Picea glehnii*	桑寄生	學名：*Taxillus chinensis*
刺槐	學名：*Robinia pseudoacacia*	海州常山類	學名：*Clerodendrum trichotomum*
孟宗竹	學名：*Phyllostachys edulis*	真竹	學名：*Phyllostachys bambusoides*
岳樺	學名：*Betula ermanii*		
松樹	屬名：*Pinaceae*	真樺	學名：*Betula maximowicziana*
花梨	學名：*Pseudocydonia sinensis*	真櫻	學名：*Prunus lannesiana* 'Multiplex'
金合歡	學名：*Acacia*	常春藤	學名：*Hedera helix*
金縷梅	學名：*Hamamelis japonica*	梅樹	學名：*Prunus mume*
長葉世界爺	學名：*Sequoia sempervirens*	梔子	學名：*Gardenia jasminoides*
青木	學名：*Aucuba japonica*	梣木	學名：*Fraxinus japonica*
青剛櫟屬	學名：*Cyclobalanopsis*	梧桐	學名：*Firmiana simplex*
垂柳	學名：*Salix babylonica*	梨樹	屬名：*Pyrus*
枹櫟	學名：*Quercus serrate*	莢蒾	學名：*Viburnum dilatatum*
染井吉野櫻	學名：*Prunus* × *yedoensis*	連香樹	學名：*Cercidiphyllum japonicum*
柳樹	屬名：*Salix*		

野桐	學名：*Mallotus japonicus*
雪山茶	學名：*Camellia rusticana*
麻櫟	學名：*Quercus acutissima*
朝鮮五葉松	學名：*Pinus koraiensis*
紫薇	學名：*Lagerstroemia indica*
華東椴	學名：*Tilia japonica*
華箬竹	學名：*Sasa sinica*
貼梗海棠	又稱皺皮木瓜，學名：*Chaenomeles speciosa*
雲片柏	學名：*Chamaecyparis obtusa* var.*breviramea*
黑松	學名：*Pinus thunbergii*
黑楊	學名：*Populus nigra*
黑櫟	學名：*Quercus myrsinaefolia* Blume
圓柏	學名：*Juniperus chinensis*
楊梅	學名：*Myrica rubra*
楊樹	屬名：*Populus*
楓樹	屬名：*Acer*
落雨松	學名：*Taxodium distichum*
葛藤	學名：*Pueraria lobata*
槐樹	學名：*Styphnolobium japonicum*
銀杏	學名：*Ginkgo biloba*
銀葉樹	學名：*Heritiera littoralis*
槲樹	學名：*Quercus dentata*
樟樹	學名：*Cinnamomum camphora*
歐洲山楊	學名：*Populus tremula* var. *sieboldii*
歐洲雲杉	學名：*Picea abies*
蝦夷交讓木	學名：*Daphniphyllum macropodum* subsp. *humile*
蝦夷松	學名：*Picea jezoensis*
橄欖	學名：*Olea europaea*
糖楓	學名：*Acer saccharum*
遼東檞木	學名：*Alnus hirsuta* (Turcz. ex Spach) Rupr. var. sibirica (Fisch.) C.K. Schneid.
錐栗屬	學名：*Castanopsis*
髭脈檫葉樹	學名：*Clethra barbinervis*
檞寄生	學名：*Viscum album*
雞爪槭	學名：*Acer palmatum*
鵝耳櫪	學名：*Carpinus laxiflora*
鵝耳櫪屬	學名：*Carpinus*
羅漢松	學名：*Podocarpus macrophyllus*
關黃柏	學名：*Phellodendron amurense*
懸鈴木	學名：*Platanus*
蘇鐵	學名：*Cycas revoluta*
櫸木	學名：*Zelkova serrata*
櫻花樹	屬名：*Cerasus*
鐵冬青	學名：*Ilex rotunda*

附綠③ 推薦者單位簡介

台灣生態學會

從事多面向之社會關懷與教育工作，同時以出版季刊、通訊、電子報等管道，提供各界生態教育、研究、社會關懷之相關資訊。台灣生態學會強調自然平權，要開創台灣的深層文化與社會價值改造。

聯絡地址：台中市沙鹿區台灣大道七段 200 號 方濟樓 106 室

聯絡電話：(04)26328001 分機 17054

網址：http://ecology.org.tw

台灣都市林健康美化協會

現代都市不能沒有綠色基盤，而都市森林正是綠色基盤的核心。台灣長期以來忽視都市森林的重要性，對照護都市樹木的規範與技術付之闕如，造成行道樹植穴過小，易受風倒。或是任意做截頂修剪，醜化市容，還產生大量無結構的不定枝，風吹就斷，危害行人。本會結合產官學界與愛樹人士之力量，宣導樹藝技術與美化觀念，讓一般民眾能先知樹而愛樹，達成開發與保育樹木雙贏的生態城市願景。

聯絡地址：台北市內湖區民權東路六段 160 號 6 樓之 3

聯絡電話：(02)27920388

網址：http://www.twas.org.tw

台灣樸門永續發展協會

創立於 2008 年，期望藉由舉辦樸門基礎與實作課程、出版台灣樸門實踐經驗、翻譯引介國際樸門新知、研發友善環境商品、規劃設計閒置土地等方式，有系統性地在台灣推廣樸門永續設計理念與應用，重建友善環境的生活與文化。

地址：台北市大安區和平東路 2 段 76 巷 19 弄 14 號 1 樓

Email：permacultureassn.tw@gmail.com

台灣蠻野心足生態協會

係由 1977 年來台的美國律師文魯彬所發起（其於 2003 年 8 月放棄美國籍，11 月歸化為台灣籍），以法律相關行動作為促進環境或棲地保護的平台，支援經濟、社會與自然環境的草根運動。此外，蠻野認為，保護、保育和復育自然環境就是健全社會的基礎。

聯絡地址：台北市中正區懷寧街 106 號 6 樓之 1

聯絡電話：(02)23825789

網址：http://zh.wildatheart.org.tw

台灣護樹協會

以嚴謹的心態審視著政府、公部門對於樹木的態度。一旦發現樹木被不當砍伐或是移植，就會及時關切以及與相關單位溝通。

聯絡地址：台中市西區台灣大道二段 181 號 11 樓之 14

聯絡電話：(04)23268588

網址：https://www.dodolovetree.org.tw

台灣大學園藝暨景觀學系

台灣大學園藝暨景觀學系設定「以園藝與景觀科技營造健康、優質、永續的產品與環境」為總體目標；亦即以「生產健康、優質、永續的產品；營造健康、優質、永續的環境」作為願景。因應現代社會之需要，培養園藝作物栽培利用、加值應用、生物技術與造園景觀規劃設計、環保生態及實務管等方面之專業人才。

聯絡地址：台北市羅斯福路四段 1 號

聯絡電話：(02)33664869

網址：http://www.hort.ntu.edu.tw

行政院農業委員會林業試驗所

台灣樹木及森林經營與保育利用之頂尖研究機構，以科學試驗為基礎，透過技術移轉與諮詢服務，提供樹木及森林資源培育、復育與永續利用之改善策略。

聯絡地址：台北市中正區南海路 53 號

聯絡電話：(02) 23039978

網址：http://www.tfri.gov.tw

荒野保護協會

以關懷台灣為出發點，放眼全世界，致力以全民參與的方式，透過自然教育、棲地保育與守護行動，推動台灣及全球荒野保護的工作，為我們及下一代締造美好的自然環境。

聯絡地址：台北市中正區詔安街 204 號

聯絡電話：(02)23071568

網址：https://www.sow.org.tw

梧桐環境整合基金會

為一全國性的環保基金會，致力於植樹綠化之外，亟力推廣正確的種樹知識與都市樹木養護，透過任何可能的友善環境議題，包含教育、經濟、城市規劃，以及心靈課題等，傳遞快樂、正向富創意的友善環境訊息。

聯絡地址：新竹縣竹北市光明六路東二段 95 號

聯絡電話：(03)6681100

網址：http://www.wutong.org.tw

福田樹木保育基金會

本會以「救樹」與「教育」為兩大策略方向。目前福田樹木醫院已完成超過 5000 例的樹病公益診斷案例，並且搶救超過上百棵的老樹。同時透過啄木鳥志工的培訓、「老樹小學堂」、「全國最美校樹選拔」、「老樹是國寶」以及徵文及攝影比賽、政策倡議等活動來捲動社會力，讓更多人投入樹木保護的行列，期使台灣成為綠意盎然的寶島。

聯絡地址：新北市深坑區北深路三段 270 巷 10 號 6 樓

聯絡電話：(02)26623166

網址：http://www.futien.org.tw

🍁 新自然主義 綠生活 新書精選目錄

序號	書名	作者	定價	頁數
1	放手吧，沒關係的。沒有低谷就不會有高山，沒有結束就不會有開始；留下真正需要，丟掉一切多餘，人生會更輕鬆美好	枡野俊明	300	280
2	狗狗心裡的話：33則毛小孩的療癒物語	阿內菈	250	160
3	生命中的美好陪伴：看不見的單親爸爸與亞斯伯格兒子	黃建興	250	184
4	綠色魔法學校：傻瓜兵團打造零碳綠建築（增訂版）	林憲德	350	224
5	我愛綠建築：健康又環保的生活空間新主張（修訂版）	林憲德	260	168
6	千里步道，環島慢行：一生一定要走一段的土地之旅（10周年紀念版）	台灣千里步道協會	380	264
7	千里步道 ❷ 到農漁村住一晚：慢速·定點·深入環島網上的九個小宇宙	台灣千里步道協會	350	224
8	千里步道 ❸ 高雄慢漫遊：一本令人難忘的旅行故事書	周聖心、林玉珮洪浩唐、張筧等	330	208
9	綠色交通：慢活·友善·永續：以人為本的運輸環境，讓城市更流暢、生活更精采（增訂版）	張學孔張馨文陳雅雯	380	240
10	亞曼的樸門講堂：懶人農法·永續生活設計·賺對地球友善的錢	亞曼	380	240
11	我們的小幸福小經濟：9個社會企業熱血追夢實戰故事	胡哲生、梁瓊丹卓秀足、吳宗昇	350	240
12	英國社會企業之旅：以公民參與實現社會得利的經濟行動	劉子琦	380	240
13	省水、電、瓦斯50% 大作戰！！跟著節能省電達人救地球	黃建誠	350	208
14	我在阿塱壹深呼吸：從地理的「阿塱壹古道」，見證歷史的「瑯嶠-卑南道」	張筧陳柏銓	330	208
15	恆春半島祕境四季遊：旭海·東源·高士·港仔·滿州·里德·港口·社頂·大光·龍水·水蛙窟 11個社區·部落生態人文小旅行	李盈瑩張倩瑋張筧	350	208
16	一個人爽遊：東港·小琉球：迷人的海景·生態·散步·美食·人文	洪浩唐	330	190
17	荷蘭，小國大幸福：與天合作，知足常樂：綠生活＋綠創意＋綠建築	郭書瑄	320	224
18	挪威綠色驚嘆號！活出身心富足的綠生活	李濠仲	350	232

訂購專線：02-23925338 分機16　　劃撥帳號：50130123　　戶名：幸福綠光股份有限公司

【圖解】樹木的診斷與治療【增訂版】

愛樹、種樹、養樹、醫樹，請先讀懂樹的語言，了解樹的心聲

作　　　者：	堀 大才、岩谷 美苗
插　　　畫：	小川 芳彦
譯稿審閱 暨 導 讀：	曹崇銘
譯　　　者：	楊淳正
特約編輯：	黃信瑜
美術設計：	我門設計。wo-men design。
圖文整合：	洪祥閔
總 編 輯：	蔡幼華
責任編輯：	何　喬
社　　　長：	洪美華
行　　　銷：	黃麗珍
讀者服務：	洪美月、巫毓麗
出　　　版：	新自然主義 幸福綠光股份有限公司
地　　　址：	台北市杭州南路一段 63 號 9 樓之 1
電　　　話：	(02)23925338
傳　　　真：	(02)23925380
網　　　址：	www.thirdnature.com.tw
E - m a i l：	reader@thirdnature.com.tw
印　　　製：	中原造像股份有限公司
初版五刷：	2017 年 6 月
二版六刷	2024 年 5 月
郵撥帳號：	50130123 幸福綠光股份有限公司
定　　　價：	新台幣 400 元（平裝）

國家圖書館出版品預行編目資料

圖解‧樹木的診斷與治療【增訂版】
/ 堀大才，岩谷美苗著；楊淳正譯 . --
二版 . -- 臺北市：新自然主義，幸福
綠光，2018.09
　　面；　公分
譯自：図解‧樹木の診断と手当て
ISBN 978-986-96576-7-9(平裝)

1. 樹木病蟲害

436.34　　　　　　　107013651

本書如有缺頁、破損、倒裝，請寄回更換。
ISBN 978-986-96576-7-9

總經銷：聯合發行股份有限公司
新北市新店區寶橋路 235 巷 6 弄 6 號 2 樓
電話：(02)29178022　傳真：(02)29156275

100 台北市杭州南路一段63號9樓

廣　告　回　函
北區郵政管理局登記證 北 台 字 0 3 5 6 9 號
免　貼　郵　票

新自然主義

幸福綠光股份有限公司
GREEN FUTURES PUBLISHING CO., LTD.

地址：台北市杭州南路一段63號9樓
電話：（02）2392-5338　　傳真：（02）2392-5380
出版：新自然主義・幸福綠光
劃撥帳號：50130123　　戶名：幸福綠光股份有限公司

新自然主義
幸福綠光

讀者
回函卡

書籍名稱：《圖解‧樹木的診斷與治療【增訂版】》

■請填寫後寄回，即刻成為書友俱樂部會員，獨享很大很大的會員特價優惠（請看背面說明，歡迎推薦好友入會）

★如果您已經是會員，也請勾選填寫以下幾欄，以便內部改善參考，對您提供更貼心的服務

●購書資訊來源：□逛書店　□報紙雜誌報導　□親友介紹
　　　　　　　　□簡訊通知　□書友雜誌　□相關網站

●如何買到本書：□實體書店　□網路書店　□劃撥
　　　　　　　　□參與活動時　□其他

●給本書作者或出版社的話：

填寫後，請選擇最方便的方式寄回：

(1) 傳真：02-23925380
(2) 影印或剪下投入郵筒（免貼郵票）
(3) e-mail：reader@thirdnature.com
(4) 撥打02-23925338分機16，專人代填

讀者回函

姓名：　　　　　　性別：□女　□男　　　生日：　　　年　　　　月　　　　日

■ 我同意會員資料使用於出版品特惠及活動通知

手機：　　　　　　　　E-mail：

★已加入會員者，以下免填

聯絡地址：□ □ □ □ □ □　　縣（市）　　　　　　鄉鎮區（市）
　　　路（街）　　　段　　　巷　　　弄　　　號　　　樓之

年齡：□16歲以下　□17-28歲　□29-39歲　□40-49歲　□50-59歲　□60歲以上

學歷：□國中及以下　□高中職　□大學/大專　□碩士　□博士

職業：□學生　□軍公教　□服務業　□製造業　□金融業　□資訊業
　　　□傳播　□農漁牧　□家管　□自由業　□退休　□其他